A JOURNEY OF REVIVAL

Sustainable Practices in the Renewal of Shougang North Campus

复兴旅程

首钢园北区更新的可持续性实践

薄宏涛　著

辽宁科学技术出版社

·沈阳·

图书在版编目（CIP）数据

复兴旅程：首钢园北区更新的可持续性实践 / 薄宏涛著 . — 沈阳：辽宁科学技术出版社，2024.1
　　ISBN 978-7-5591-3324-3

　　Ⅰ．①复… Ⅱ．①薄… Ⅲ．①城市规划－建筑设计－研究－北京 Ⅳ．① TU984.21

中国国家版本馆 CIP 数据核字（2023）第 224750 号

出版发行：辽宁科学技术出版社
　　　　　（地址：沈阳市和平区十一纬路 25 号　邮编：110003）
印 刷 者：上海雅昌艺术印刷有限公司
经 销 者：各地新华书店
幅面尺寸：250 mm×230 mm
印　　张：31
字　　数：400 千字
出版时间：2024 年 1 月第 1 版
印刷时间：2024 年 1 月第 1 次印刷
责任编辑：杜丙旭　赵祎琛
特约编辑：娄春雪　李　春
封面设计：周　洁
版式设计：周　洁　娄春雪
责任校对：王玉宝

书　　号：ISBN 978-7-5591-3324-3
定　　价：368.00 元

联系电话：024-23284360
邮购热线：024-23284502
http://www.lnkj.com.cn

自序

从 2015 年秋天第一次踏入首钢园区起，我就和这块神奇的土地结下了不解之缘。八年的携手前行，是一种机缘巧合，也是一种冥冥中的注定，这可能是我生命早就写下的情感羁绊吧。

从最初零星参与个别转运站的改造，到联合泵站，再到西十冬奥广场整体，小雪花慢慢积蓄成了小雪球；而后从三高炉到冬训中心，到六工汇，到香格里拉酒店，再到制氧厂和大跳台，1.22 平方公里的场地里，一栋栋，一组组，不断凝聚着筑境和合作团队的智力结晶。

2023 年，在北京冬奥会成功举办一年后的今天，对于这一历时八年的更新历程进行回望、思考、沉淀和梳理是一件极具意义的事情。这不单是复盘百年首钢原有制铁炼钢区域由"工业性"向"城市性"转身的全景图卷，更是希望借由这样的总结找寻到一条具有普适价值的更新之路。

在去年出版的姊妹书《复兴引擎：首钢三高炉更新的可持续性实践》中，针对三高炉这座工程难度极大的单一项目，我重点关注了它的实施记录和技术设计的剖析。而这本《复兴旅程：首钢园北区更新的可持续性实践》，既延续了前序思路，又进行了拓展思考。

本书结合西十冬奥广场、国家体育总局冬季训练中心等涉奥项目和以六工汇为代表的非奥项目，探讨了奥运大事件"平赛结合"的命题，总结出了"竞技＋和生活＋"的特色产业组合模式。此外，本书尤其增加了对于更新项目 IP 塑造、场景营造、文化传播等维度的触媒推动力的梳理和挖掘，力图跳出传统狭义建筑学对于设计维度的单一关注，进入向上打通策划、向下链接运营的广义建筑学视野。同时，希望能从产品塑造维度视角提供一种流程性总结，从而使首钢园区更新这一高举高打、自上而下的国际大事件驱动的城市复兴运动，能够以可言传、可借鉴、可复制的方式和面貌为世人所认知。期待首钢模式的一些有效经验和实施路径能惠及更大范畴内能级差异化的城市中的更新实践，从而全面助力城市更新行动在神州大地开枝散叶，进而在世界范围内提供一个优秀的城市更新样本和中国模式类型。

我想，以上就是这本书的写作初心吧。

引言

本书是《复兴引擎：首钢三高炉更新的可持续性实践》的姊妹篇，与上一本专注于一组建筑不同，本书希望全面回顾 2016 至 2022 年筑境在首钢园区的更新实践，突出重点、兼顾整体，以全景化角度呈现出首钢园——这一北京城市复兴地标的打造历程。

书中重点阐述西十冬奥广场、国家体育总局冬季训练中心、六工汇三组项目，兼述金安桥、香格里拉酒店等项目，自北而南，建构一条从北侧阜石路（西十货运支线原线位）经石景山、秀池、群明湖直至长安街西延段的场景走廊，展示了百年首钢原有制铁区域由工业性向城市性转化的全景图卷（图 1）。通过历史梳理、策划定位、技术特点、空间解析、建造回顾等众多维度，展现了不同建筑群组在其奥运周期及后奥运周期中所承载的城市使命、激活区域产业复兴的社会责任和善待遗存更新赋能的设计策略。

对照国际领域相似能级、相似规模的城市更新项目中采用的长效更新、渐进发展的通用模式，首钢园区的更新呈现了一种大事件驱动激发下的独具中国特色的"时间压缩型渐进式更新"。2022 年冬奥会前后的更新周期内，项目的更新落地呈现出了"大事件激活、锚点建筑选择、文化 IP 塑造、空间肌理织补、关联产业集聚、城市活力生发"等一系列完整的进阶历程。奥运周期后，园区在冬奥大事件"去事件化"后的周期内，又扎实有效地实现了多维度可持续发展，真切地融入了城市日常的经济和生活运转，全面系统地激活了京西地区的产业结构升级、市政配套升级、城市场景升级、都市活力升级。

更新后的首钢园区，坐拥京西地区得天独厚的山水资源和冬季奥运遗产资源，以"国家奥林匹克公园"的角色成为北京城极具热度的城市微度假目的地；三号高炉、一号高炉和服贸会会场等一系列充满工业风貌的特色展陈空间成为众多品牌发布和文化事件的首选地；众多产业组群以强烈的差异化场景把这里打造成为追求企业个性和绿色可持续工作环境的新兴科创产业的聚集地；退二进"城"、全面敞开怀抱融入城市的园区，已经成为北京市最具代表性的重要都市活力聚集地及策源地。这座北京城市复兴的崭新地标，也正以自己独有的方式，为世界城市更新领域的经典案例库提供充满东方智慧的中国样本。（图2）

图1　首钢园区北区各项目分布示意图

图 2　首钢园区北区鸟瞰总览

目录

1

STRATEGY, POSITIONING,
AND IMPLEMENTATION METHODS

前策、定位与落地手段

1.1 前策：长效规划和适应性更新

城市发展是一个从不间断的自我修复、自我完善的新陈代谢过程，城市更新作为城市自我调节机制始终存在于城市正向生长和发展之中。近年来，随着城市经济增长方式的转型，人们对城市生活品质的要求逐步提升，城市更新的必要性也越来越突显。2020 年 11 月发布的《中共中央关于制定国民经济和社会发展第十四个五年规划和二〇三五年远景目标的建议》中明确提出"将实施城市更新行动推动城市空间结构优化和品质提升"；2021 年，城市更新被写入两会政府工作报告，城市更新已升级为国家战略。2022 年，习近平总书记在党的二十大报告中指出"要深入实施新型城镇化战略，构建优势互补、高质量发展的区域经济布局和国土空间体系"；住建部分别在 2021 年 8 月和 2023 年 7 月发布了《关于在实施城市更新行动中防止大拆大建问题的通知》（建科〔2021〕63 号）和《关于扎实有序推进城市更新工作的通知》（建科〔2023〕30 号），划出城市更新工作的关键底线并树立起三大制度支柱。可见，未来城市更新将在完善城市功能、提高群众福祉、保障改善民生、提升城市品质、提高城市内在活力以及构建宜居环境等方面起到越来越重要的作用。在这一大背景下，如何能推动城市有效、有序地发展，以及如何保障城市合理、健康地更新代谢，成为城市工作者们共同面临的问题。

改革开放 40 多年来中国城市快速发展，过去大规模的增量建设开始向"增量的结构调整"和"存量的提质改造"转变，很多地区的城市规划实施开始面临更新领域的各种问题。近年来，城市更新的范围和内涵在不断拓展，在总体规划层面，很多城市基于产业升级、功能提升和转型发展等目标，对现状用地进行大幅度调整，但是对于如何在城市规划几十年的周期内有序、分期、合理地实现这些用地调整和功能置换，缺乏针对性理论研究、过程引导和实践探索经验。面对"长期"的城市发展、规划周期和逐步加大的城市更新需求，以及逐渐复杂的城市更新内涵，建议也同样利用"长期"的观念来系统考虑及解决城市更新领域面对的问题，以提高城市规划本身的适应性和合理性。

1.1.1 长效规划：城市发展时间维度的适者生存

长效规划，又称"连续性规划（Continuous Planning）"，最初由 M.C. 布兰奇在 1973 年提出，试图以时间长轴摊薄一次性规划对项目和城市发展带来的不确定性，然后为整个城市良性的、有机的适应性更新做出物理空间和精神以及社会层面的准备。其立论点在于对总体规划所注重的终极状态的批判。国内学者同样也关注到了规划在时间维度上的连续性，主张城市规划必须包括过去、现在和将来。连续性规划的前期分析须审慎稳妥，并不应企图分析所有的方面，也并不须要准确地预测远期未来。这种规划的重点不在远期的总体规划上，而是从现在开始向将来发展的动态过程。城市规划工作成功的关键是维持最新状态，并根据最新状态进行随机应变的能力。

中华人民共和国成立以来，在快速城市化的背景下，由于规划的意识形态因素和机动化交通的快速发展等因素，导致我国早期的城市更新缺乏对人性需求的充分考虑，结果引发城市形态的进一步割裂。因此，在城市更新改造中，树立以人为本的思想，创造整体连续的城市空间形态，营造健康的城市活力将是我国城市更新建设中的一个重要课题。在跨越城市新区与原有城市区域的边界时，"长期""连续性"起到了非常重要的作用，它强调城市在空间设计的内在整体性和时间生长的连续性，促使了城市的多样化和可持续发展。长效规划是基于各利益群体深入的思考与分析、探索区域属性（区域景观、交通脉络、用地布局等）、借鉴历史（联系过去与现在）并总结经验，构建更加科学合理、富有特色的城市区域连续性。长效规划注重从现在开始并不断向未来趋近的过程。优秀的城市规划应该是统一考虑"战略的和战术的""操作的和设计的""长期的和短期的""整体的和部分的"以及"现在的和终极的"。

1.1.2 适应性更新：城市发展空间层面的循序渐进

美国政治家、经济学家林德布洛姆曾在第二次世界大战后提出"渐进主义决策理论（Progressive Decision Theory）"，用于弥补传统城市街区更新发展模式的不足：城市更新应从追求宏大目标转变为注重发展过程，循序渐进地根据当下现实需求对城市街区进行小修小补，保留城市的独特性和多样性，使之不会变得千篇一律。之后，西方学者产生了对适应性更新的辩证性阐述，他们认为渐进的适应性更新是小步骤和逐渐变化式的方法，而不是采取长期固定的跳跃式更新方法。

实践证明，大规模的单纯强调物质层面的形体规划思想并未取得满意的成果，初期的存量型城市更新受到多方学者质疑。从 20 世纪 60 年代开始，一些新的思想被激发，促使存量型城市更新进入新阶段。这时城市更新的特点从大规模的推倒重建转向渐进的小规模更新，提倡一种"小而灵活"的改造方式，这种方式也与存量更新的本质内涵相契合。

比较有代表性的研究有：美国学者简·雅各布斯在《美国大城市的死与生》一书中提出的"城市的多样性"重要思想，指出城市就应该是一个功能混合、新老并存的空间形态，城市的多样性应该是丰富且具特色的小空间的集合，大规模的推倒重建显然是对城市多样性的摧毁，提出城市的更新应当注重对小空间的保护和利用；刘易斯·芒福德的《城市发展史》提出"人本主义"的思想，这是将人在城市发展中的作用提升到一个制高点的重要思想。大规模的推倒重建式更新最大的弊端即是忽略了原有空间中人的感受和需求，无疑违反了城市最好的运作方式。

随着国外越来越多的国家进行城市的适应性更新，我国学者也开始在规划、建筑和景观设计等学科进行渐进式的规划和适应性更新工作的探索。有些学者认为适应性更新是一种规模小、周期长的更新模式，在我国诸多历史街区总体保护较为缺失的现状下，适应性更新具有极大的优势，是我国城市发展的新趋势。但也有学者主张传统的大规模房地产开发逻辑在老旧社区更新改造中不再普遍适用，"适应性更新""渐进更新"和"微更新"成为关键趋势，并随着社区改造中民众参与意识的增强，自下而上、适应性的改造模式也逐渐发展起来。

1.1.3 长效规划与适应性更新理论的互动

城市规划几乎不可能一步到位，城市是逐步地在更新、建设的过程中发现原有规划、建设中的问题；出现新的矛盾与困难后，基本还是要回归到规划的功能、结构以及社会、经济、文化等层面来重新梳理、重新协调，这个过程必然是长期且反复的。城市更新带来的冲击，让我们反思现行的城市规划编制体系，因此在城市更新工作中更应当对整个城市规划体系进行更新，探索一种历久且整体性的城市规划或城市发展观。当今我国城市建设正从增量建设转向存量更新和增量调整并重的新阶段，在这个转型期中如何有效地挖潜并盘活城市存量用地，成为本轮国土空间规划的迫切需求；而如何将"贯彻总体规划的目的和决策"与"在推进过程中遇到无法预知的问题后做出的变更"相平衡，最终形成"推进城市持续发展"与"实现与时俱进的城市复兴"双赢的局面，未来也会成为许多城市面临的重要课题。

城市的更新，或者区域的复兴，需要城市规划工作通过"实践"来介入与推动。这类工作的复杂性使得大多数城市项目不可能一蹴而就，先在短期内明确第一个方向，在取得一定的经济收益或影响力后，由"短效"促"长效"，再根据实际状况对规划方案进行适应性变更。而循序渐进的适应性更新方式也是在探讨产业在地块中的"落地 - 生根 - 持续生长"的可能性，其与长效规划的结合，有助于对国土用地功能和空间关系的深入研究，应成为城市工作中的一种常态策略，因此将两者结合总结为"长效规划与适应性更新的伴生"，且这种策略方法或者说城市发展观已在国际上通行并且成为已被证实的有效的路径。

通过对国内外近 70 年的城市更新案例的研究后发现，21 世纪以来越来越多的城市积极吸取前人经验，以"长效规划与适应性更新伴生"的综合理论来指导其未来十年、二十年甚至更长周期内的更新建设工作。这其中不乏口碑载道的国际项目，如：德国汉堡海港新城（Hafen City），自 2000 年开始以"西 - 中 - 东"3 个大片区、10 个小片区进行分段更新改造；卢森堡的贝尔瓦科学城（City of Science & Blast Furnaces in Belval），更新建设自 2000 年开始已持续了 23 年；英国伦敦的国王十字街区（King's Cross Area, London），基于 TOD 展开的更新在后续 25 年区域的针灸织补中成为世界熟知的"伦敦名片"；曼彻斯特的英国媒体城（Media City UK）项目自 2007 年启动，预计到 2026 年建设完工；瑞士的苏尔泽工业区（Sulzer-Areal），在长达 30 年的更新历程中通过临时性使用的策略不断在试错中探索创新；法国南特岛（Ile de Nantes）在 2002 年就公布了长达 50 年、横跨四期的城市更新计划。在国际经验的驱动下，国内一些优秀的长效规划及适应性更新项目工作也陆续开展起来，如北京的 798 艺术区、景德镇陶溪川综合复兴以及北京首钢园区更新等（图 1-1-1）。通过对以上项目的研究可以得出：没有一蹴而就的城市规划，只有边走边看的策略调整。优秀的城市更新项目均是在规划伊始定下近 - 中 - 远期不同阶段的目标，并在植入首次产业后接受社会与经济发展的客观选择，适时调整产业内容和规划策略方向，以寻找到契合、适应当下经济发展的最优解。同时，视城市实际情况而选择有较大影响力的大事件或公共建筑项目来"针灸"激活，在收获一定的短期效益后，围绕已激活的城市区域进行补充，待城市经济及人口要素需求明显利好条件集聚时，再综合利用多种更新手段，全面助推中 - 远期城市规划实施落地。可以说，不论起始时是何种更新引擎和产业导向，都须以"长期 + 适应"的思路来指导引领后续工作。

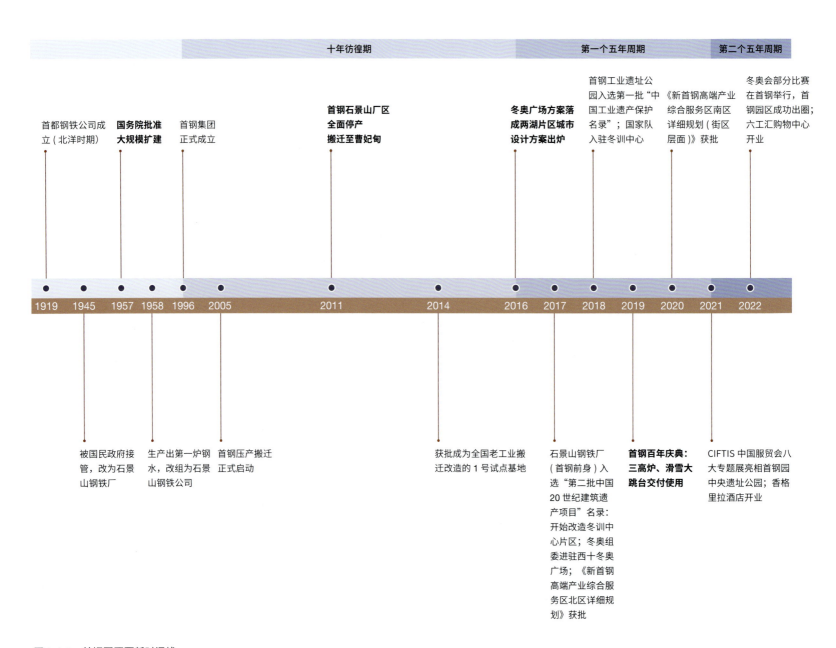

首钢工业遗址公园入选第一批"中国工业遗产保护名录";国家队入驻冬训中心

《新首钢高端产业综合服务区南区详细规划(街区层面)》获批

冬奥会部分比赛在首钢举行,首钢园区成功出圈;六工汇购物中心开业

首都钢铁公司成立(北洋时期)

国务院批准大规模扩建

首钢集团正式成立

首钢石景山厂区全面停产搬迁至曹妃甸

冬奥广场方案落成两湖片区城市设计方案出炉

1919　1945　1957　1958　1996　2005　　　　2011　　　　2014　　　　2016　2017　2018　2019　2020　2021　2022

被国民政府接管,改为石景山钢铁厂

生产出第一炉钢水,改组为石景山钢铁公司

首钢压产搬迁正式启动

获批成为全国老工业搬迁改造的1号试点基地

石景山钢铁厂(首钢前身)入选"第二批中国20世纪建筑遗产项目"名录;开始改造冬训中心片区;冬奥组委进驻西十冬奥广场;《新首钢高端产业综合服务区北区详细规划》获批

首钢百年庆典:三高炉、滑雪大跳台交付使用

CIFTIS中国服贸会八大专题展亮相首钢园中央遗址公园;香格里拉酒店开业

图 1-1-1　首钢园区更新时间线

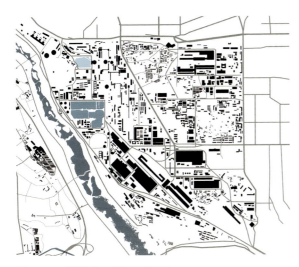

图 1-1-2　首钢园区更新前肌理图

图 1-1-3　首钢园区更新后肌理图

1.1.4 北京首钢园区的长效规划与适应性更新实践

作为"城市更新新地标"的北京首钢园区已经成为国内乃至世界范围最令人瞩目的重工业区复兴案例。首钢的更新之路践行了"长效规划与适应性更新"的思路，由规划先行、大事件催化、锚点项目引领、逐渐辐射织补进行的。2004 年北规院开始推动首钢园区的整体更新规划工作，更新改造首先践行了"小街区密路网"的总体设计逻辑，并结合原有工业肌理，在能够附着美好城市生活的"小尺度街区"和"老城市工业肌理"两者之间寻求到了一种契合，才有了之后能够让优质的更新业态逐渐成长升级的物质载体。

初步规划方向定下后，2010 年首钢全面停产搬迁，2015 年 12 月冬奥组委办公场所选址首钢，由此首钢的复兴转型工作拉开序幕。在首钢渐进式更新的第一个五年周期中（2016—2020 年），"冬奥"及"首钢百年庆典"两组大事件的强力催化使得园区更新全面加速，以南六筒仓的改造为起点，再到西十冬奥广场整体、三高炉博物馆、冬训中心、大跳台四个锚点项目由点及面地进行北区功能织补，进而推进整个片区的改造（图 1-1-2、图 1-1-3）。更新建设推进过程中，首钢在适应性更新层面也做出了一定的创新实践，如北七筒"工业风"展览空间的临时性利用，以及遗址公园绿轴部分的近远期容积率调整等（图 1-1-4）。

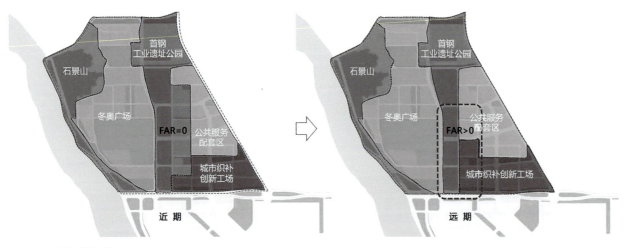

图 1-1-4　近远期容积率变化

2020 年初新冠疫情攻击后，全国处于艰难恢复的当口，首钢也在酝酿为其渐进式的第二个五年的适应性更新寻求持续动能。2021 年引入服贸会保持园区曝光，以服务业态资源的导入助力园区继续更新，且展馆的临时性利用也再一次践行了"适应性更新"的理论（图1-1-5）。2022 年下半年，首钢六工汇购物中心、金安桥科幻产业中心等板块的落成，给首钢的产业迭代又一次注入了新血液。目前首钢的更新工作仍在持续中，相信首钢在经历两个五年周期的适应性更新之后，区域的生态本底已发生跃迁式的变化，届时必定会成为一个非常完整的活力区域，在未来会呈现出更好的城市面貌。

图 1-1-5　服贸会供应链及商务服务展厅

城市规划是一个动态的、长时间的持续性行为，城市发展和更新必然是有一个长周期的整体运维思考沉淀的过程。在规划管理过程当中，需要能够贯穿始终的"长效"规划，充分发挥城市规划管理的持续性作用；而在城市更新的过程中，只有兼顾远期与近期，才能真正构建出整体性的长效机制，推动城市更新实现空间范围的拓展，否则就有城市更新政策失效的风险。

以前的城市规划和更新工作中，容易被增量思维的惯性所支配：在设计之初就想知道这块土地使用性质是什么、容积率多少、各种指标多少、适合做什么产业，但其实这些短期内都是很难说清楚的。目前阶段应该做的是更多地去思考经济、文化、生态、多维度导向下的未来城市健康发展。建议在城市工作中采取循序渐进的适应性改造方式，包括多学科参与、多角度分析、全民关注、动态规划、分期建设等具体手段。相比冒进式的突变，这种方式不仅能够减少由于决策失误而损害工业遗产真实性，进而削弱其基本价值的风险，也符合我们所倡导的"绿色发展"观念。长效规划与渐进更新的实践既能推动具体项目顺利开展，统筹市场机制、价值机制，又能实现城市发展的多重目标，维护长期持续更新的经济社会基础。在国土空间规划和城市双修大背景下的城市更新项目中，只有兼顾"长效规划"与"适应性更新"，才能真正构建出项目本身或城市本身的有机发展机制，推动城市更新实现空间范围的拓展和时间维度的连续，从而将工作顺利推进至定位策划与价值营造的下一阶段。（图 1-1-6）

图 1-1-6　首钢园区北区鸟瞰

1.2 定位：工业遗存更新的文化 IP 塑造、价值与进阶

在定下规划阶段与周期性渐进目标后，更新工作开始进入针对具体组团聚落的详细策划工作，例如产业的组织、功能的配套、定位与价值营造等。本节以首钢园区更新过程中文化 IP 塑造的进阶为线索，梳理出其产业经济培育的不同历程和发展模式。

1.2.1 网红效应与颠覆传统地缘经济的新产业模式

随着经济全球化的发展，我国消费领域也逐渐进入共享经济快速成长并逐渐步入成熟的阶段，经济发展新动能作用充分释放，共享经济正加速向生产领域渗透。随着工信部印发了《加快培育共享制造新模式新业态促进制造业高质量发展的指导意见》（工信部产业〔2019〕226 号），以共享经济提升高质量发展的方式逐渐成为新趋势。在共享经济的推动下，互联网社会的新兴产业也都具有了共享理念的特征，在当下的工业遗存更新中，这些颠覆原有地缘经济模式的新型产业模式正逐渐出现并成为新趋势。

与互联网经济的不断深入带来线上第三方平台收费的不断攀升相伴生，新型产业模式的线下店重新迎来发展机遇。这类线下生活体验店的核心突破点在于互联网在拉平了地理距离的同时也极大地弱化了地缘效应造成的物理障碍。依托互联网销售的电商系统彻底颠覆了传统商业系统，网络提供的海量可选商品数据是传统商场无法比拟的优势，同时互联网商业模式也省去了传统商业的场地租金并将其回馈给消费者，便捷的物流系统提供门到门的配送极大缩短了传统购物者到达商场购物再带物品回家的出行距离。上述信息多、成本低、物流快的特质已经把传统商业逼到了死角。新零售须打破传统商业的模式，

其空间诉求呈现出如下特征：

· 以客户需求为目标导向，通过定义客户生活方式来定义功能特性；
· 提供多样跨门类的一站式生活体验；
· 以生活场景为基础来营造丰富的、具有想象力的空间感知。

以上特性可以让新零售达到人、物、场三位一体的跨界复合共生，大数据和物联网的介入又使得新零售、新文化业态拥有了精准的用户导向，为三位一体的体验空间提供了不断迅速迭代的数据信息支撑。依托强大的朋友圈经济，"颜值革命"的空间升级和点到点的空间体验，催生了一个极具生活体验感和经济学意味的崭新词汇——"网红打卡"。这标志着消费者可以跨越传统城市空间亚繁荣或不繁荣的非经济圈地带而直抵目的地，这是碳基城市（传统城市物理空间）结构边界在硅基城市（互联网空间）作用下的消解和重构。

在新零售颠覆传统商业的逆向思维下，我们也可以从互联网、新媒体产业的二次实体化看到崭新的空间机遇。"盒马鲜生"依托"大众点评""饿了么"等网络点餐平台的数据整合，建构了大数据指导下的热点生鲜商品集合店，提供商品采购、加工、就餐、社交的一条龙服务，让电商重回实体商业。无独有偶，媒体大鳄"一条"也依托其网络推送高热点产品的数据集成建立了商业信息大数据王国，而其相继推出的"一条生活馆"线下销售热点产品，拥趸云集，在店内全时物联网数据追踪指导下，货品信息的不断更

图 1-2-1 一条生活馆

新也更大程度地丰富了消费体验。（图 1-2-1）值得注意的是，"一条生活馆"选址都是在商业价值最低的商场顶层，靠互联网传播的网红效应反转了传统商业空间的价值定位。

工业遗存标志性的大空间为常见的"房中建房"的再利用式空间重构提供了绝好的舞台，"内"与"外"的模糊性是这类空间的一大特质。传统工业建筑的巨大尺度往往意味着被覆盖的生产流程空间，在这些空间中，人们工作生产、开动巨大的机组或是机车从中穿行而过，有时很难界定工人的工作界面究竟是在室内还是室外，这种"内"与"外"的不确定性正和当下互联网"线上"销售店和"线下"体验中心的虚实不确定性形成了一种有趣的镜像式对偶（图1-2-2）。新空间在既有工业大空间中以"负形雕刻"的方式微妙地重塑出众多具有城市感的街道、院落，这种特殊的、类似舞台布景式的空间体验模式也为"网红效应"提供了沃土。新功能产业的植入带来的全新生活体验正把这些静置的空间变为鲜活的场所，令遗存的业态更新拥有了无数种可能的想象。这正是互联网带来的城市空间需求的变革。

超越传统地缘商业地产项目极富规律的传播模式，生活方式

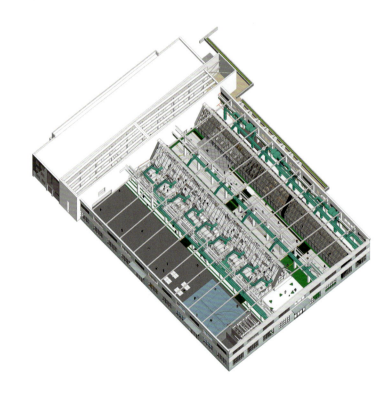

图 1-2-2 常州棉仓的轴测图

图 1-2-3　波士顿废弃滨水区商业的节庆活动

图 1-2-4　宝山新业坊沙盘

的改变催生了生活形态和消费主义指导下的新零售模式。结合掌上媒介的传播和新的"产品+"综合体验模式，产生了崭新的消费体验物种。以天目里、无印良品（MUJI）生活馆、衡山合集和常州棉仓等标杆类项目为代表的大量有别于传统商业购物中心的非典型性混合商业业态的消费新范式正在不断涌现。

1.2.2 以符号文化嫁接为手段的产业复制模式

以传统文化为锚点的产业活化模式，在于对既有文化的挖掘和传承，而符号文化嫁接的产业复制模式则在于有效地创造一个文化符号，并据此设定一系列产业链条，即产品线，通过产品线的衍生平移复制达成快速更新开发的目的。

通过符号植入为触媒激活工业遗存的业态升级，并以此作为传播和复制的靶标。以美国巴尔的摩、波士顿"节庆市集"为代表的商业模式（图1-2-3），通过符号文化嫁接植入迅速复制了商业游乐设施、办公楼宇和配套公寓为产品线的滨水更新。国内工业遗存更新领域较为成功的是上海临港集团"新业坊"品牌，其提供的以工业风貌为典型特征、结合总部经济与产学研合作的特色产业组合模块为其成功复制打下了基础（图1-2-4）。虽然符号文化的嫁接移植常会导致项目个性的缺失，以致风格趋同，但这种"产品线"思维更贴合当下国内普遍的地产开发逻辑，也更容易被接受、更具操作的普世价值。虽然"新天地"模式的商业复制也一度造成"特色"商业街区的滥觞，导致"看起来似曾相识"成为其主要记忆点，但我们通过仔细考究上海新天地、武汉天地、佛山岭南天地几个"新天地"系列正牌力作的时候，还是可以看到差异化的地域文化特征在项目上的清晰烙印。换言之，一定程度上的符号复制不是错误，粗制滥造、不加思考的照搬式复制才是问题的症结所在。

对于塑造符号文化形成独特的产品线，江西景德镇宇宙瓷厂工业遗存更新做出了很好的示范。项目对文化符号进行提取、凝练、再造并逐渐形成完善产业链条和独特的可传播文化 IP，做出了富有成效的实践，打造了"陶溪川"模式。（图 1-2-5）在陶溪川更新推进的五年里，项目先后经历了从文化 1.0 到文化 4.0 的符号文化升级打造：

· 文化 1.0：厂区景点化改造，重塑宇宙陶瓷厂辉煌的工业时期场景；
· 文化 2.0：强化文化体验功能，填入适应年轻人需求的功能业态；
· 文化 3.0：健全文化产业链条，完善服务功能，强化对创新元素的吸引能力；
· 文化 4.0：输出文化，树立样板，构建"陶溪川"系列 IP，并向外推广"陶溪川"模式。

国内相关工业企业如能充分结合其所在具体城市能级，适配出恰当的产业特征，并能深挖文化底蕴、善于宣传推广且有恒心在长效的时间维度上收获更新红利，则都有可能走出一条属于自己的特色更新之路。

图 1-2-5　陶溪川宇宙瓷厂

1.2.3 首钢园区文化 IP 的营造进阶之路

1）"产业 + 生活 +" IP 群落 1.0

作为首钢园区北区更新的启动锚点项目，西十冬奥广场是对"工业的、世界的、中国的"三维度建筑空间命题作文的解答和回应，其主要的更新导向是既有工业遗存空间的尺度和功能逻辑转换。因此主要设计策略是"变工艺流程导向决定的工业布局为人性化生活导向下的城市布局"和"变工业巨尺度关系为巨 + 中 + 小尺度聚合的人性化尺度关系"。空间尺度和功能范畴在奥组委的一级安保线内完成，形成了一组内向自适应性功能群落。安保线外，与之关联互动的两组建筑一个是解决奥组委加班及商务访客下榻的"倒班宿舍"（首钢工舍智选假日酒店）和办公配套服务延展的星巴克冬奥园区店。（图 1-2-6、图 1-2-7）

图 1-2-6　西十冬奥广场及星巴克区位图

图 1-2-7　西十冬奥广场区域鸟瞰

西十冬奥广场因奥组委的入住获得了社会的初次关注，国际奥委会主席巴赫对园区更新的大力推崇和力促平昌冬奥会总结会在园区的落地召开，令首钢的更新改造获得了更广泛的社会关注。奥运 IP 的发酵，让社会公众对园区更新的期待转化为持续性的关注。星巴克冬奥园区店，这座仅约 370 m² 的小建筑，也在奥运概念的风口下乘风而起，意外成为园区更新的初代网红。这是在拆除废墟现场中的偶得，拆除干法除尘器的压差发电控制室仅余的单层框架激发了设计师现场因势利导的适应性更新。考虑到一级安保线外没有城市功能的服务设施，这栋小建筑被定义为咖啡店，以期待为城市生活注入一点活力和温情。

彼时的园区，因为大量更新建设的全面开展仍未向公众开放。希望尽早一睹更新后园区的芳容与园区的封闭状态成为巨大矛盾，"去星巴克喝咖啡"这句再朴素不过的说辞成就了大量无证访客进入园区的路径，也成了"小红书"上一度广泛传播的首钢园区的入园秘籍。公众渴望进入园区，渴望和更新后的园区零距离接触，到星巴克坐下喝杯咖啡，看看更新后和建设中的首钢园，成为一种最具传播力的崭新的工业遗存体验方式，也成为园区启动更新后第一组生活日常的场景。星巴克冬奥园区店作为这种生活方式的载体，流量暴涨，网络媒介的传播也推动了价值引爆，该店一度成为星巴克在国内营业坪效最高的单店。与之相映成趣的是同为网红的拥有"钢景房"（有眺望三高炉最佳视野的客房）的首钢工舍智选假日酒店。差异化场景的体验和公众对于园区更新的热盼，成就了园区的初代网红；特色 IP 的传播和朋友圈经济的代言，也极大推动了公众对园区更新的理解和关注热忱，形成了一种极佳的良性互动。

图 1-2-8　冬训中心及六工汇区位图

图 1-2-9　冬训中心及六工汇鸟瞰效果图

西十冬奥广场在奥运 IP 的加持下开启了社会对园区更新的关注，星巴克冬奥园区店通过差异化体验成为园区的初代网红。第二座更新锚点建筑——三号高炉则通过城市设计的精准定位，与奥组委邻近布局，充分发挥了自然工业对话的独特场景和联动奥运概念的媒体传播，逐步缔造了城市顶级的文化网红。"拆除余、封存旧、织补新"的策略设定让高炉在保持震撼人心的工业风貌的同时，植入了城市日常的生活功能，节日庆典、产品发布、艺术展览及各种市民的花式打卡，共同塑造了三高炉这个超级文化 IP。这些在《复兴引擎：首钢三高炉更新的可持续性实践》均有述及，在此不作赘述。顶级文化网红通过网络媒介的传播引爆，极大达成了为园区引流和代言的目标，首钢园逐渐成为北京的一张独具魅力的城市名片，三高炉的网红效应功不可没。

2）"产业＋生活＋" IP 群落 2.0

国家体育总局冬季训练中心是在非竞赛单元的冬奥组委落户首钢后，跟随落位的竞赛辅助单元。冬训中心作为第三组锚点，随着国家冬奥冰上竞技队的进驻也蒙上了一层神秘的面纱，但是在园区信步间就有可能和国家队员擦肩而过以及武大靖入住首钢园后三破世界纪录都让冬训中心充满了话题感，冬奥正赛中谷爱玲、苏翊鸣的入住而催生的"冠军酒店"昵称更让配套运动队下榻的网球馆运动员公寓声名远播。后奥运周期，环绕冬训中心布局的六工汇就成为接棒其传播力并更上层楼的三代网红。（图 1-2-8、图 1-2-9）

U 字形布局的冬训中心与六工汇呈榫卯型关系，与冬训中心原精煤车间近 200 m 的遗存巨构相对应，六工汇基地内保留了风机房、泵站、制粉车间、冷却塔、澄清池、变电站等生产设施，五一剧场等生活设施及铁路、植被、沉淀池等地纹信息，形态多样丰富且切近人体的尺度，非常适合转换为城市生活场景的空间载体。在"保持工业纹理、重塑城市空间、传承集体记忆、再现场地活力"的设计策略指导下，六工汇更新成为一组汇聚低密度现代创意办公、复合式商业、多功能活动中心和绿色生活空间的新型城市综合体。

六工汇项目中的二泵站、7000 风机房、九总降、制粉车间、沉淀池、冷却塔、加速澄清池、软化水水塔、十四总降和五一剧场等工业生产遗存和文化生活遗存正代表了十里钢城"产居一体——生产与生活并置"的特色空间场景。在城市公共空间活力重塑的更新导向下，采用了三大设计策略：

- 工业奇观与当代生活的魅力碰撞；
- 流量的价值！网络媒介的传播引爆；
- 持续性场景价值塑造。

在产业重置的过程中，大量带有强烈工业风貌的生产遗存建构筑物更新改造为商业休闲和商务功能空间，而类似五一剧场这样的生活遗存则在既有文化功能的基础上更新为多功能黑匣子小剧场，做出了业态升级的当代性回应。这样的后工业场景转化和营造堪称螺旋上升的"新产居一体——产业与生活并置"，带来了非常好的社会认知和消费反响。

图 1-2-10　滑雪大跳台 + 香格里拉酒店 + 制氧厂区位图

图 1-2-11　滑雪大跳台 + 香格里拉酒店效果图

图 1-2-12　制氧厂南片区效果图

3)　"产业 + 生活 +" IP 群落 3.0

2022 年 2 月，北京冬奥会盛大开幕，首钢园网红三高炉的水下展厅和高炉本体入选张艺谋导演二十四节气倒计时短片（清明和大暑），谷爱凌、苏翊鸣亮相大跳台，2 月 8 日、15 日的先后夺金，让首钢园成为冬奥的"双金福地"。全世界热爱体育、关注奥运的人们在各种视频影像中见证了运动竞技力量之美和园区更新蝶变之美的完美融合，设计团队也兑现了当年在国际雪联选址首钢园时的承诺，给出了冬奥转播史上从未呈现的震撼画面。

首钢园区在世界范围内爆火出圈，大跳台在奥运转播中成为顶级网红。与此同时，也为奥运遗产化转换的话题性、参与性和园区与之关联的后工业场景营造做出了绝佳的铺垫和准备，充分印证了核心 IP 的引流能力与差异化场景体验带来的后续聚集效应的强大能力。滑雪大跳台 + 制氧厂创新中心 + 香格里拉酒店，是园区最重要的一组"体育 +"与"生活 +"结合的强力组合。大跳台轻盈飘逸的飞天造型成为群明湖西岸和新首钢大桥北岸最具标志性的奥运遗产，硬朗刚毅的制氧厂腾讯演播厅界定了长安街西延段北侧的城市界面和形象表情，园区自备电厂改造的香格里拉酒店则依靠工业奇观与当代生活的魅力碰撞，实现了生活日常中顶级流量的价值。通过小红书、抖音等掌上网络媒介的传播进一步引爆，差异化场景塑造的价值让这里成为京西微度假的绝佳目的地。（图 1-2-10~ 图 1-2-12）

1.3 落地手段：实现遗存风貌特征的结构加固策略

经过前期的规划、策划分析后，本节将视线聚焦到相对微观的层面——项目后期具体的遗存更新工程实施落地上。工业遗存更新过程中对于风貌的保护性更新能够在丰富城市生活、延续人文特征与提升环境效益方面都起到十分积极的作用。目前我国的工业遗存更新利用机制已有政策基底，对有价值的工业遗存进行严格的历史风貌保护也已经达成专业共识，并且形成了一定的规划管理制度保障。但现阶段，将风貌保护、现代结构加固技术、创新材料等多方面结合考虑的综合策略方法体系和相关规范尚有待完善。

工业遗存反映的是其"二产"生产同时期的工艺信息、技术状态和人文信息等，从工艺技术、建筑本体、空间肌理、景观风貌等方面均能呈现出较丰富的内涵和存在价值，并记录和传承了特定历史时期的集体记忆。工业遗存的保护和更新再生不仅要考虑到建构筑物本体的工艺及空间价值，也要对其产业类型、厂区环境、产业工人集体记忆等综合要素予以尊重，且应尽量避免破坏和损失原有风貌。

1.3.1 工业遗存保护评价体系研究中的价值分析

20 世纪 70 年代后，工业遗存及废弃地的更新改造项目逐渐增多。作为较早介入工业遗存更新的国家，英国的工业遗产保护与一般历史建筑保护共用一套体系方法，在纲领性文件《保护准则：历史环境可持续管理的政策与导则》中将"工业遗产"认定和保护分为多个类型和体系，其中"在册古迹"和"登录建筑"中都专门列出有关建筑现存状况和美学技术等方面的价值内容。在此评价标准基础之上，各国家地区学者结合各地工业遗产特征又有不同的侧重及增补。

国际上有关工业遗产最重要的共识文件是 2003 年的《下塔吉尔宪章》，其中明确了工业遗存的价值包括历史价值、科学技术价值、社会价值和审美价值。我国相关研究起步较晚，2006 年以来国内学术界以国际研究经验为基石，开始逐渐深入、全面探讨工业遗存遗产的相关内容：刘伯英、李匡根据工业遗产的特性提出其价值构成应包括历史价值、文化价值、社会价值、科学价值、艺术价值、产业价值和经济价值 7 个部分。王建国、蒋楠在"工业遗产综合价值评价指标体系"中提出了价值评定的 8 个向度：历史价值、文化价值、社会价值、艺术价值、技术价值、经济价值、环境价值和使用价值。青木信夫、徐苏斌在《中国工业遗产价值评价导则（试行）》中提出的价值评定标准包括历史重要性、建筑设计与建造技术、保存状况及文化与情感认同等共计 12 个方面。2022 年 6 月，中华人民共和国工信部下发的《国家工业遗产管理办法》中再一次强调了工业遗产价值认定程序的重点之一在于认定其自身的保存状况和风貌特色以及所代表的特定文化内涵。

可以看出，在工业遗存的保护评价体系中，不论建筑本体层面的历史价值、艺术价值，还是工艺层面的结构技术价值、材料科学价值，以及社会文化层面的情感价值等，都涉及并强调工业遗存的"风貌保护"问题。遗存的价值是保护与更新的出发点、核心和依据，工业遗存风貌的延续和保护能够延续工业产业建构筑物本体及其关联的人与物的意象和精神，记录特定的产业文化和产业历史。

1.3.2 工业遗存风貌保护与结构加固的理念基础

任何遗存更新建筑的使用价值都应以良好稳定的整体结构作为基础，结构的稳定性是工业建筑本身作为"二产"工业建筑使用的一次生命向作为"三产"民用建筑使用的二次生命转换的基本物质保障。在选择结构加固的策略之前，必须明确遗存更新后要表达的核心价值和空间美学特征是什么，即根据遗存的多维价值判定结果，对建构筑物空间的各个部件进行重要性排序，然后针对需要体现或保留部位的实际情况进行后续加固策略的选择。

在推进工业遗存更新项目时，首先需要确定总体更新设计方案，然后协调建筑主体结构和部分内部结构的关系，提升整体防震性能，保障建筑的实用性。通常来说，改造在适当增加新功能的基础上，应充分保留建筑的原有风貌，以体现遗存历史文化价值的原真性。风貌的留存很大程度上受加固形式的影响，差异化的加固形式和方法技术往往意味着完全不同的视觉呈现效果，实际操作中还要兼顾考虑造价成本高低、施工时间长短、使用空间尺度大小等多重因素（表1）。常用的加固方法可按结构形式进行分类：混凝土结构可采用加大截面法、外包钢法、预应力法、粘钢（碳纤维）加固法、局部修补置换法、喷射混凝土补强法、增加抗屈曲支撑法等；砌体结构加固一般采用扶壁柱法、钢筋水泥砂浆（钢筋网砂浆）法、加大截面法（混凝土或钢筋混凝土）、外包钢、置换新砌体或旧砖二次砌筑等方法；钢结构加固方法包括改变既有构件受力状态、加大构件截面、加强连接法等；木结构一般采用增加杆件斜撑、替换局部构件、增加杆件截面等方法来满足结构和防火方面的要求。如六工汇购物中心的二泵站，加固过程尽可能减少对特色木屋架的破坏。通过仔细测量每一根木构件的尺寸，复核结构受力与截面防火性能之后见缝插针地植入加固加强构件，使得原本的桁架空间延伸效果得以完整保留（也得益于修编后木构防火规范对于木构防火口径的认定）。而外墙则采用修新如旧的手法，结合

图1-3-1～图1-3-5　增加柱截面加固（新设结构钢筋）、增加柱截面加固、外包钢加固、预应力加固、粘钢（碳纤维）加固

图1-3-6～图1-3-11　增设钢筋网喷射混凝土加固、增加抗屈曲支撑加固、增设砌体扶壁柱加固、置换新砌体加固、钢筋网砂浆加固、钢结构加固

新业态的需求，在红砖墙体上局部点缀玻璃及深色铝型材，让新旧融为一体。（图1-3-1~图1-3-12）

进行加固之前，一般要进行现状测绘、检测鉴定两个先导步骤，以准确掌握和输入场地各部位的精确数据和探测评估结构的安全等级。后续的风貌保护与结构加固取决于结构检测鉴定的结论中对结构的评定级别，判断是否满足当下抗震规范要求，然后结合设计策略和实际使用条件来决定加固的位置和方法，具体策略的选择判断标准是在价值判定基础上的"外观风貌""内部风貌""实用价值"谁为第一性的问题。当然，造价问题也是需要关注的另一个核心判断标准。综合以上，在施工中应适当引进先进理念方法，根据实际条件以及使用要求灵活组合各种策略和技巧，以提升加固的效率和质量，并在确保施工全过程和后续使用安全的前提下，尽量缩减施工周期和加固成本。总体来说，工业遗存加固的核心目的指向是要能够充分留存其工艺历史信息并体现其最具价值的空间美学特征，在实际操作中需要根据遗存的不同条件和施工情况选择差异化的加固措施和策略，以达成合理的预期更新效果。

图1-3-12　六工汇木结构加固

表 1　常用加固方法及适用条件汇总

所属结构分类	加固方法	主要特点	适用场景和范围
混凝土结构	加大截面法	施工简单、适应性强，但现场湿作业时间长，且影响空间和原有风貌	梁、板、柱、墙等一般构件
	外包钢法	工艺简单、受力可靠，作业时间短；对空间的影响较小；用钢量较大	1. 受空间限制的构件且需大幅提高承载力的混凝土构件；2. 无防护的情况下，环境温度不宜高于60℃
	预应力法（张拉预应力筋、补加附应力筋等）	施工简便，能有效降低构件的应力，提高结构整体承载力、刚度及抗裂性；对空间的影响较小	1. 大跨度或重型结构的加固；2. 处于高应力、高应变状态下的混凝土构件的加固；3. 无防护的情况下环境温度不宜高于60℃；4. 不宜用于混凝土收缩徐变大的结构
	粘钢（碳纤维）法	施工快速，现场无／仅有抹灰等少量湿作业；对空间无影响	承受静力作用且处于正常湿度环境中的受弯或受拉构件的加固
	局部修补置换法	工艺简单、适应性强，不影响空间；现场湿作业时间长	受压区混凝土强度偏低或有严重缺陷的梁、柱等构件
	改变结构传力途径法	施工简便，能有效降低构件的应力、减少构件变形	净空不受限的梁、板、桁架等构件
	其他加固方法（增设构件、增设支撑体系或剪力墙、改变刚度、调整内力等）	通过增设支撑体系或剪力墙增加结构的刚度，改变结构的刚度比值，调整原结构的内力，改善结构构件的受力状况；在一定程度上影响原有风貌和使用空间	用于增强单层厂房或多层框架的空间刚度，提高抗震能力

所属结构分类	加固方法	主要特点	适用场景和范围
砌体结构	扶壁柱法	工艺简单、适应性强；提高的承载力有限、影响使用空间和原有风貌；现场湿作业时间较长	非抗震地区的柱、带壁墙
	钢筋水泥砂浆（钢筋网砂浆）法	工艺简单、适应性强，结合保温材料可提升原有热工性能；提高的承载力有限、影响内部使用空间、现场湿作业时间较长	砖墙
	加大截面法	工艺简单、适应性强、有效提高承载力；影响使用空间和原有风貌，且湿作业时间较长	受弯较大的柱、带壁墙
	外包钢法	显著提高砖柱的承载力、工艺简单	砖柱
	置换新砌体或旧砖二次砌筑	在色彩、尺度、砌筑方式上可以和老墙体统一，能达到修旧如旧的风貌控制目的	风化破损的砖墙
钢结构	改变既有构件受力状态	增设杆件和支撑,改变荷载分布状况、传力途径、节点性质和边界条件；可考虑空间协同工作；影响使用空间且增加用钢量	钢柱、钢梁
	加大构件截面	施工方便、适用性较好，可负荷状态下加固	钢梁、钢柱、桁架杆件
	加强连接法	直接提高连接承载力和间接结构承载力	1. 原有承载力不足的连接；2. 加固件与原构件间的连接节点加固
木结构	增加杆件斜撑法	影响原有风貌和使用空间	不满足强度刚度或应力处
	替换局部构件法	基本无影响	腐蚀部分的构件
	增加杆件截面法	影响原有风貌和使用空间	不满足防火要求的杆件

1.3.3 工业遗存风貌保护与结构加固的实践总结

目前国内有关结构加固的理论方法更多的是结合实际老旧建筑的更新翻修工程，而针对工业遗存在风貌保护层面上的结构加固相关方法策略还未完全形成体系，将材料学、结构学、建筑美学、工程管理、数字模拟等多学科相结合的工业遗存更新实践经验总结也未进入普适研究的阶段。北京首钢园区作为世界瞩目的城市复兴项目，其工业遗存改造更新的探索实践和相关工程经验具有非常丰富的研究价值和时代意义。面对首钢园区内情况各异的工业遗存，需要有针对性地在其更新过程中进行不同方法的模拟、测试和讨论，以保障相对最优的呈现效果和施工方式，如首钢香格里拉酒店采用了加大截面、增设杆件支撑等方法，而首钢六工汇的各个遗存建筑更是采取了包括增设剪力墙、粘钢、局部修补替换等"一遗一策"的综合方法，以提高策略方法对遗存条件的适应性。

总而言之，结构加固虽有一些常规常用的方法可供选择，但在实际改造工程中须根据现场条件和设计诉求来灵活选用加固方案。因此，对于价值较高的遗存更新项目，其加固方案需要建筑师的系统判断、引领统筹和全程深度介入：

首先，建筑师需要对遗存风貌价值的保留和空间特质的塑造进行统筹决断，做出保护风貌的价值排序；

其次，建筑师须与结构工程师共同根据价值排序选择适宜恰当的加固手段和策略，在尽量控制成本、提高效率的基础上，采取因地制宜、因时制宜、因材制宜、因需制宜、因人制宜的处理方法；

最后，建筑师一定要走进现场，以伴随式的服务，引领监督和指导参建团队共同在遵循价值判断的前提下完成加固施工，从而保障遗存工艺、历史、风貌等多维价值的呈现，延续其空间特质和内涵情感，让遗存在二次使用周期中富有尊严地延续生命。

接下来的篇章中，将围绕首钢园区一系列项目的设计介绍，通过叙述园区近十年来的跨越时间与空间的规划及更新过程，明晰其竞技体育与生活配套等产业的植入与文化 IP 策划塑造的三个阶段，以全面、全景、全流程的姿态带领大家回顾首钢园区的复兴旅程。

2

OLYMPIC SERVICES EMERGING:
"INDUSTRY+, LIFE+" IP COMMUNITY 1.0

奥运激活服务初现：
"产业 + 生活 +" IP 群落 1.0

2.1 涉奥产业：西十冬奥广场

2.1.1 项目概述

1) 区位

西十冬奥广场位于首钢旧厂址的西北角，地处永定河石景山以东、阜石路以南、秀池以北、北辛安路以西（图2-1-1）。西十冬奥广场改造前原名"西十筒仓"，其中北侧10个筒仓、南侧6个筒仓，共16个筒仓为首钢炼铁厂用于存储炼铁原料的区域，是首钢钢铁生产环节的第一道工序，主要用于存储铁矿、氧化石、焦炭、石灰石、白云石等工业炼铁的原材料（图2-1-2、图2-1-3）。"西十筒仓"的历史可追溯至民国时期的龙烟铁矿公司，大量铁矿石从龙关通过铁路运输至"西十筒仓"区域，而该段铁路在当时火车运输系统中编组为"西十货运支线"，"西十筒仓"因此得名，沿用至今，这也是首钢在一个世纪前的建设起点。区域内还有大量转运站、通廊、空压机站和返矿仓，也就成为重点改造对象。

图 2-1-1　西十冬奥广场区位图

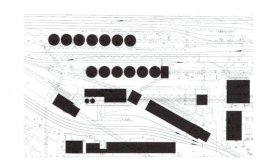

图 2-1-2　改造前平面图

图 2-1-3　改造前鸟瞰

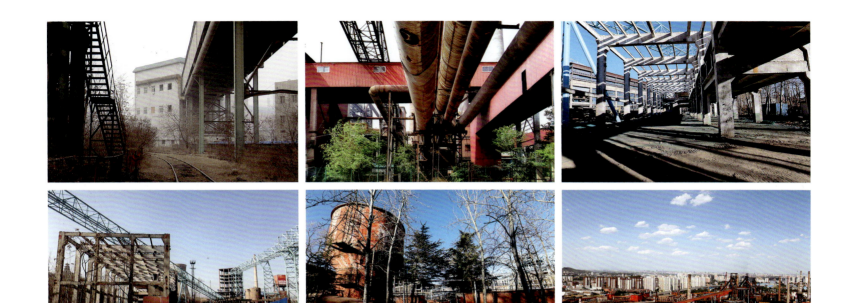

图 2-1-4　改造前场地内密集的工业遗存

图 2-1-5　工业遗存设施与环境的伴生

2) 现状

冬奥广场基地南侧的秀池和西侧的石景山山体及永定河生态绿廊，为项目带来绝佳的外部山水自然环境。而与之对应的是基地内部的筒仓、料仓、供料通廊、转运站及供水泵站的密集布局（图 2-1-4）；通过梳理首钢北区西十筒仓的工艺，我们发现在这片密集的供料储料区域大量并存着为一号和三号高炉这对姊妹炉的配套设施，这些设施甚至是彼此混杂在一起的伴生关系（图 2-1-5）。返矿仓南侧的三号高炉干法除尘器和一号高炉压差发电控制室就是这样的典型并置伴生状态（图 2-1-6）。这里是园区一号、三号炼铁高炉炼铁工艺的复杂巨系统中的重要组成部分，最北侧的北七筒原作为 90 年代钢铁矿石的储藏基地，原为十个并列建造的圆形筒仓，与南侧的筒仓（南六筒）遥相呼应（图 2-1-7 ~ 图 2-1-9）。

图 2-1-6　现有钢架

图 2-1-7　北七筒建筑改造前

图 2-1-8　北七筒顶部屋架

图 2-1-9　北七筒改造后

图 2-1-10　冬奥组委办公园区入口

3) 目标

2016 年 3 月，北京市政府确定 2022 年冬奥会办公园区选址落户百年首钢，西十冬奥广场由此诞生。本项目以冬奥组委进驻办公为契机，践行"绿色、共享、开放、廉洁"的办奥理念，N3-3/N3-2/N1-2 转运站、料仓、南六筒、北七筒和联合泵站、干法除尘等工业遗存得以在可持续理念指导下延续二次生命，改造为集办公、会议、展示、配套休闲和市政服务于一体的绿色园区（图 2-1-10）。

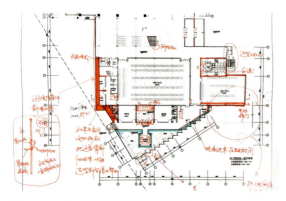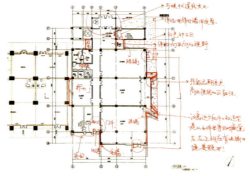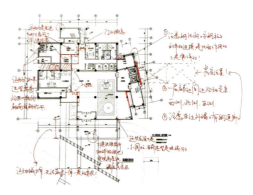

图 2-1-11　冬奥组委办公园区设计草图

2.1.2 设计策略

1) 人性尺度的回归——冬奥组委办公园区

项目总建筑规模 86500 m²，主要功能为办公、会议、展示及其配套服务设施；项目共计七个建筑单体子项：N3-3 转运站、N3-2 转运站及会议中心、N1-2 转运站、员工餐厅、原料主控室、联合泵站（含展示中心）（图 2-1-11、图 2-1-12）。整个园区采用了以下设计策略：

适应性更新

区别于依据指标控制的增量设计，存量遗存更新项目往往没有清晰的任务书可以依循。因势利导、巧为因借，依据工业遗存的存量特征量身定制适配的功能内容，这样的策略我们称之为"适应性更新"。这是一个典型的开放式适

图 2-1-12　冬奥组委办公园区鸟瞰

应性更新实践，我们通过对一系列工业遗存的更新，既满足了奥组委的功能诉求，又解决了一个办公园区完整的使用功能配套，也为园区在后奥运时代更好融入城市、为城市服务作出思考和解答。

尊重工业遗存

设计希望通过"忠实地保留"和"谨慎地加建"将工业遗存变成崭新的办公园区，赋予老旧的建构筑物第二次生命（图 2-1-13~ 图 2-1-16）。依据中冶建筑研究总院有限公司国家工业建构筑物质量安全监督检验中心（以下简称中冶）提供的《首钢 N3-3、N3-2、N1-2 转运站结构安全及抗震鉴定报告（TC-JG1-I—2016）》，三栋转运站的安全性综合评级均为 C 级[1]，抗震性能不满足要求，建议进行加固；其他遗存也有不同程度的结构损

图 2-1-13　初始建筑

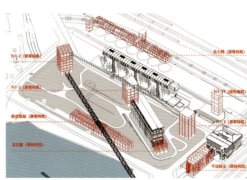

图 2-1-14　原始建构筑物保留

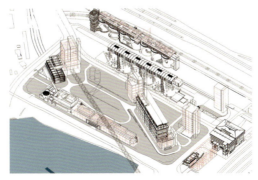

图 2-1-15　改造生成

图 2-1-16　新建生成

[1] 根据《房屋结构综合安全性鉴定标准》DB11/637—2015，鉴定评级首字母 A、B、C、D 意为符合、略低于、不符合、严重不符合相关抗震安全要求；后缀字母 eu 为"鉴定单元综合安全等级"，后缀字母 su 为"鉴定单元安全等级"，后缀字母 se 为"鉴定单元抗震能力等级"。

伤及材料剥落。要想保留原有遗存的混凝土和钢框架，就必须不破坏其自身的结构强度。设计把原有结构空间作为主要功能空间使用，而把楼电梯间外置，这样既不打穿原有楼板，又通过加建补强了原结构刚度（图 2-1-17）。同时，也采用了一系列轻质材料，避免给原有结构带来过大负荷（图 2-1-18）。由此，建筑造型忠实呈现出了"保留"和"加建"的不同状态，表达了对既有工业建筑的尊重（图 2-1-19~ 图 2-1-22）。

图 2-1-17　员工餐厅

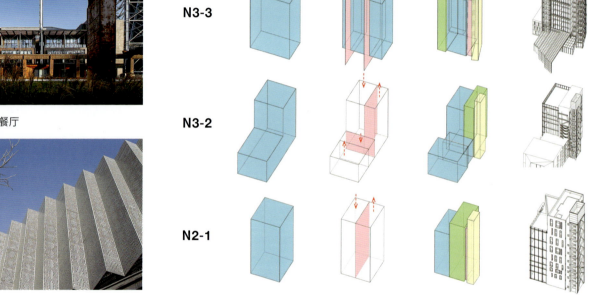

N3-3

N3-2

N2-1

图 2-1-18　立面轻质材料

图 2-1-19　建筑形体生成策略

图 2-1-20　建筑立面保留与加建的融合状态 1

图 2-1-21　建筑立面保留与加建的融合状态 2

图 2-1-22　联合泵站改造后建筑立面

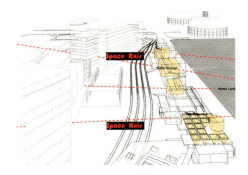

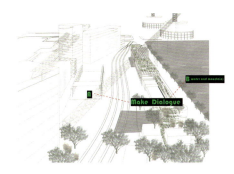

图 2-1-23 通廊连接园区内外景观　　　　　　图 2-1-24 设计对话自然景观

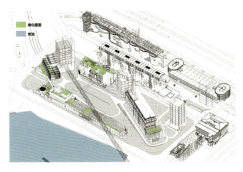

图 2-1-25 设计生成

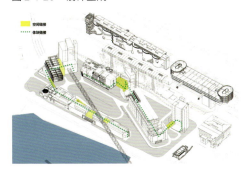

图 2-1-26 空间链接

对话自然景观

基地西侧石景山和南侧秀池水体为项目在拥有强烈工业感的同时，设计在 150 m 长的原有联合泵站构筑物改造中，打破"封闭大墙"，植入开放式景观廊道、主入口通廊和公共空间，建构园区内外景观的积极对话关系，基地内被谨慎保留的大树也形成了石景山景区向园区内部绿色渗透的最佳软连接介质（图 2-1-23、图 2-1-24），基地内 15 棵被定点保留的大树，也成为石景山景区向园区内部绿色渗透的绿色桥梁。设计师为园区设置了一条穿行于建筑之间和屋面的室外楼梯 + 栈桥的步行系统（图 2-1-25~ 图 2-1-27），这为整个建筑群在保持工业遗存原真性的同时叠加了园林化特质。张中有弛的景观环境为园区的工作人员提供了高强度的工作压力中，能够不时地与环境交互的条件，舒缓紧绷的神经。整组建筑就是一个立体的工业园林，步移景异间传递出一种中国特有的空间动态阅读方式，也传承了中国园林的古典空间序列之美。（图 2-1-28、图 2-1-29）

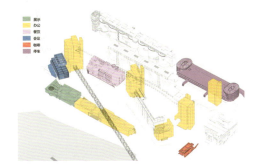

图 2-1-27 功能再造

图 2-1-28 景观内院 1　　　　　　　　　　图 2-1-29 景观内院 2

图 2-1-30　大与小尺度间植入中尺度建筑

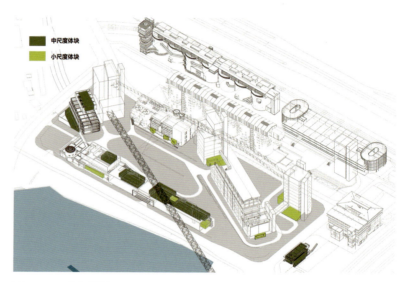

图 2-1-31　植入位置

院落尺度的建构

作为一、三号高炉的主要供料区，区域内原有料仓、转运站和皮带通廊等工业遗存都是完全依据生产的工艺流程而布局的，缺少城市空间的秩序感，巨型工业尺度也让人缺乏亲近和安全感。设计在几十乃至上百米的工业尺度和精巧的人体工程学尺度之间植入了一到两层的中尺度新建筑，锈蚀耐候钢门头、玻璃门厅和边庭、遮阳棚架等建构筑物尽力弥合了原有大与小尺度的差异（图 2-1-30、图 2-1-31）。保留的锅炉房小水塔改造的特色奥运展厅和干法除尘器前压差发电室改造的咖啡厅等一系列和人性尺度相关的小尺度建筑也为园区塑造细腻丰富的尺度关系增添了精彩的亮色（图 2-1-32）。

图 2-1-32　锅炉房小水塔改造的特色展厅

图 2-1-33　新建、保留与插建

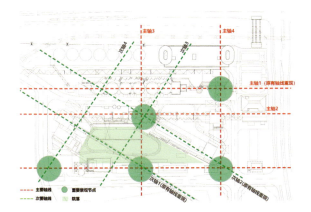

图 2-1-34　轴线与节点构成的景观格局

图 2-1-35　西北侧俯瞰冬奥组委办公园区

人性空间的回归

通过上述一系列插建和加建的建筑，原有基地内散落的工业构筑物被细腻地"缝合"了起来（图 2-1-33），工艺导向下建立的布局被巧妙转化为一个景色宜人、充满活力的不规则五边形院落（图 2-1-34）。"大院"是老北京最充满人情味的一种居住和工作的空间模式，设计正是希望以"院"的形式语言回归东方最本真的关于"聚"的生活态度。这样的院落气质是摆脱了工业喧嚣之后的宁静和祥和，体现了后工业时代对人性的尊重，也是顶级花园式办公所必需的特质（图 2-1-35）。

综合以上，项目采用了"织补""链接"和"缝合"的设计手法，重新以人作为本体梳理了建构筑物的空间尺度关系。设计中尽力保留工业遗存的态度，也为尊重历史、发掘工业遗存价值奠定了一个良性的基调。

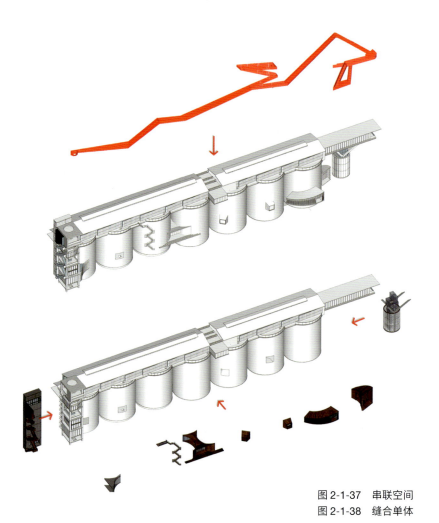

图 2-1-36　改造前筒仓内部形态

2) 临时性利用——北七筒

北七筒和停车楼区域紧邻冬奥组委办公园区的北侧。此处筒仓原为首钢炼铁厂储料仓，始建于 1992 年。因奥组委的入驻，将原有的 10 个筒仓拆除 3 个来满足周边市政建设的需求，同时也推动了剩余 7 筒的改造利用，因此称该项目为"北七筒"。整个西十冬奥广场区域内，除停车楼为新建以外，其他子项均为既有工业遗存改造或加建项目。

工业遗存再造中，因地制宜地结合既有空间特征置入与之匹配的功能，是适应性更新的重要原则。综合北七筒自身空间形式与功能需求等多方面因素，适合改造为办公与办公配套使用。

北七筒筒仓高约 28 m，直径 20 m，筒壁厚 1 m，所在用地呈东西狭长状，面积紧张，无法进行大量加建。筒仓顶部传送走廊破损严重，地下二层管廊的混凝土已经无法起到防水作用，改造任务繁重（图 2-1-36）。筒仓内部为净高 18 m 的高大圆形空间，底部有高达 11.5 m 的下料锥，结合筒内原有的空间特征，并为避免对原有筒壁进行过多开洞，设计遵循"串联空间""缝合单体""织补表皮""置入场所""整合要素"这五个理念，尽可能置入对采光要求较低的展览展示、表演剧场等功能。（图 2-1-37~ 图 2-1-41）

图 2-1-37　串联空间
图 2-1-38　缝合单体

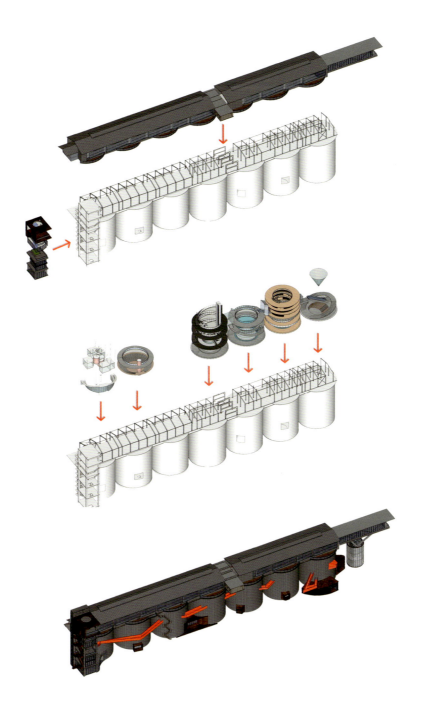

图 2-1-39　织补表皮

图 2-1-40　置入场所

图 2-1-41　理念整合

1 号筒设计作为立体展览空间，通过在筒顶悬吊不同标高的展示柜进行布展。作为话剧表演空间的 2 号筒，将表演空间设计在圆心中央，同时增加二层标高处的环形观演平台，使整个筒仓形成 360°的观演空间。3 号筒则结合筒内地面设计展区。4 号筒体本身内部空间高大，很适合作为各种展览的内部空间，通过置入环形楼板将两侧不同标高联系起来以满足布展需求。5 号筒至 7 号筒作为特色书店使用，其中 5 号筒因需要置入办公功能，在筒顶设计了一个大型的圆形天窗，作为书店办公区域的自然采光。6 号筒与 7 号筒则通过环形空间延筒壁布置书架，不仅可以存放大量书籍，还可以变身成工业风的背景墙。最后再对单个筒仓进行缝合并将整个北七筒的外部空间进行串联。设计首先将筒顶按照原通廊空间形式重构，新建通廊则作为景观餐厅使用，再用织补的方式将每个筒之间设置了楼梯与电梯，将筒仓连接到一起，打造顺畅且完整的功能动线。这种设计既可以相对容易保持遗存的大部分空间的原真性，又能让改造后空间内容的表现尽可能多地得到原工业氛围的加持，给旧筒仓注入了与之匹配的新功能，最终让北七筒呈现出最佳状态。对比原建筑，该设计方案建筑内增加使用面积约 2400 m^2。（图 2-1-42）

图 2-1-42　筒仓改造室内效果图

2.1.3 设计过程

西十冬奥广场是首钢北区更新落地实施的第一个项目，是北京市政府支持首钢转型积极
导入的核心功能，也是首钢北区乃至整体园区功能定位落地的核心锚固点和撬动点。

冬奥广场的前身——首钢西十筒仓创意园一期是一次工业遗存改造的集合设计，料仓办
公楼和南六筒仓改建办公楼分别由华清安地、英国思锐和比利时戈建设计。而冬奥广场
二期的建设适逢冬奥组委进驻首钢的良机，空间重心由北侧的筒仓街转换为南侧天车广
场主庭院：2015 年 11 月，筑境设计开始进行园区倒班宿舍投标工作，12 月又迎来联合
泵站的投标并最终成功拿下了泵站区域的改造设计权。但在 2016 年，联合泵站所在的西
十筒仓创意园项目迎来了冬奥组委。这对项目来说是定位与设计的大幅调整。2016 年春
节后接到了奥组委"国际化、工业范、中国风"的大幅调整设计的要求。随后的工作中，
设计成果得到了集团领导和奥组委的一致认可。最终，筑境先后完成了南院一级安保线
内的联合泵站等 7 栋建筑的改扩建工作，以及二级安保线范围内的 2 栋建筑。（图 2-1-43、
图 2-1-44）在面对北七筒的改造时，我们认为空间适应性更新的目的就是既可较好保持
遗存的大部分空间的原真性，又能让改造后空间内容的表现尽可能多地得到原工业氛围

图 2-1-43　料仓改造效果图

图 2-1-44　整体鸟瞰效果图

1. 员工餐厅
2. N1-2 转运站
3. N3-3 转运站
4. 原料主控室
5. 联合泵站
6. N3-2 及会议中心
7. 停车设施
8. N3-17 转运站
9. 料仓
10. 南六筒
11. 北七筒
12. 能源设施
13. 员工宿舍
14. 干法除尘
15. 星巴克
16. 保留钢架
17. 保留天车广场
18. 景观绿化

的加持。我们希望这样的改造会给旧筒仓注入与之匹配的新功能，最终让北七筒呈现出再利用的最佳状态。但很遗憾的是，后期因招商与定位发生变化，北七筒中除 4 号筒外的其他筒仓并没有置入最初设计的展览功能，都改造成为面向体育、商务金融的现代化的办公空间，最终仅将 4 号筒按照原有的设计思路进行适应性更新。4 号筒改造的 RE 睿·国际创忆馆由清华大学清城睿现数字科技研究院投资、设计、建设及运营。

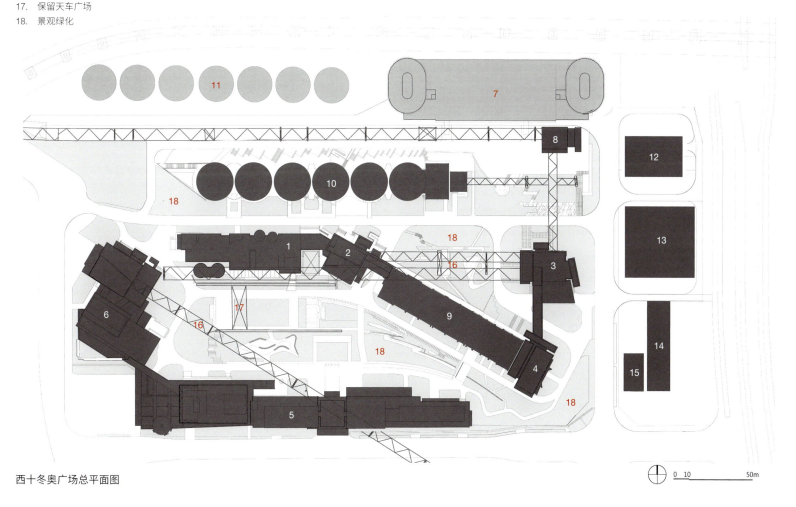

西十冬奥广场总平面图

0   10   50m

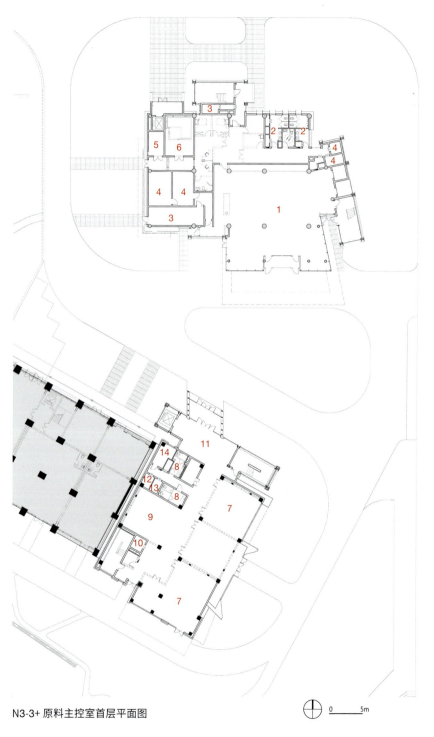

1. 门厅
2. 卫生间
3. 强电间
4. 弱电间
5. 热计量间
6. 太阳能热水设备间

7. 办公
8. 卫生间
9. 会议室
10. 文印室
11. 接待台
12. 强电间
13. 弱电间
14. 热计量间

N3-3+ 原料主控室首层平面图

0   5m

员工餐厅 +N1-2 首层平面图

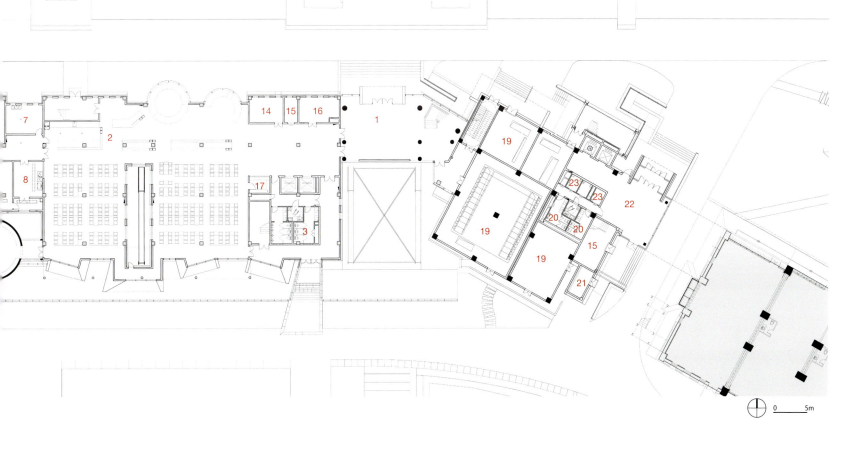

1.	入口门厅	9.	干垃圾房	17.	餐具回收间
2.	餐厅	10.	湿垃圾储藏间	18.	保安室
3.	卫生间	11.	太阳能热水设备间	19.	变配电间
4.	冷藏库	12.	计量间	20.	卫生间
5.	冷冻库	13.	粗加工间	21.	垃圾房
6.	库房	14.	配电间	22.	接待台
7.	干货库	15.	弱电间	23.	强电间
8.	洗碗间	16.	新风机房		

0 ———— 5m

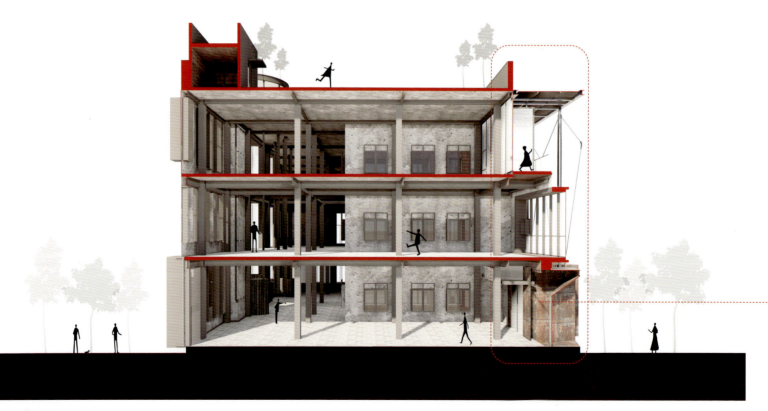

员工餐厅剖透视

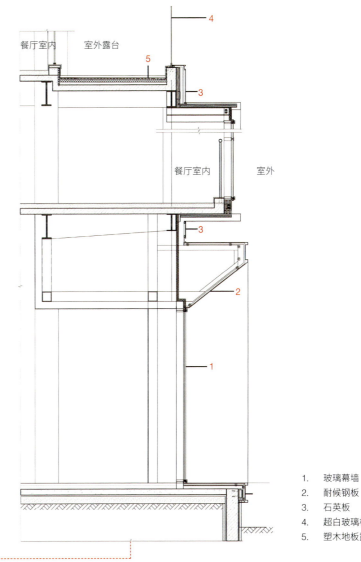

餐厅室内　室外露台

餐厅室内　室外

1. 玻璃幕墙
2. 耐候钢板
3. 石英板
4. 超白玻璃板
5. 塑木地板露台

员工餐厅墙身大样图

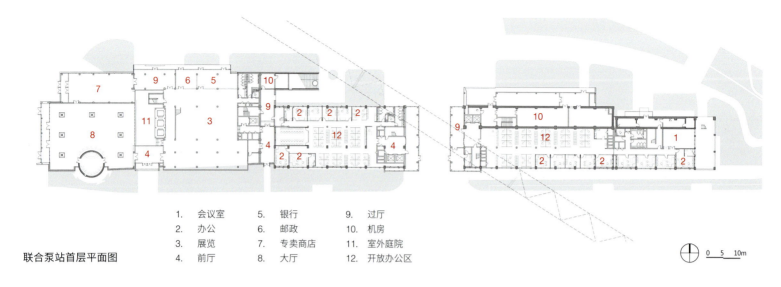

联合泵站首层平面图

1.	会议室	5.	银行	9.	过厅
2.	办公	6.	邮政	10.	机房
3.	展览	7.	专卖商店	11.	室外庭院
4.	前厅	8.	大厅	12.	开放办公区

联合泵站二层平面图

1.	会议室	5.	绿化屋面
2.	办公	6.	文印室
3.	展览	7.	前厅
4.	开放办公区		

联合泵站标准层平面图

1.	展览	4.	接待室
2.	开敞式办公	5.	办公
3.	会议室		

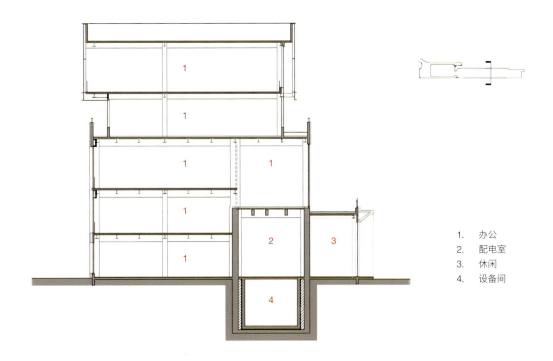

1. 办公
2. 配电室
3. 休闲
4. 设备间

联合泵站剖面图

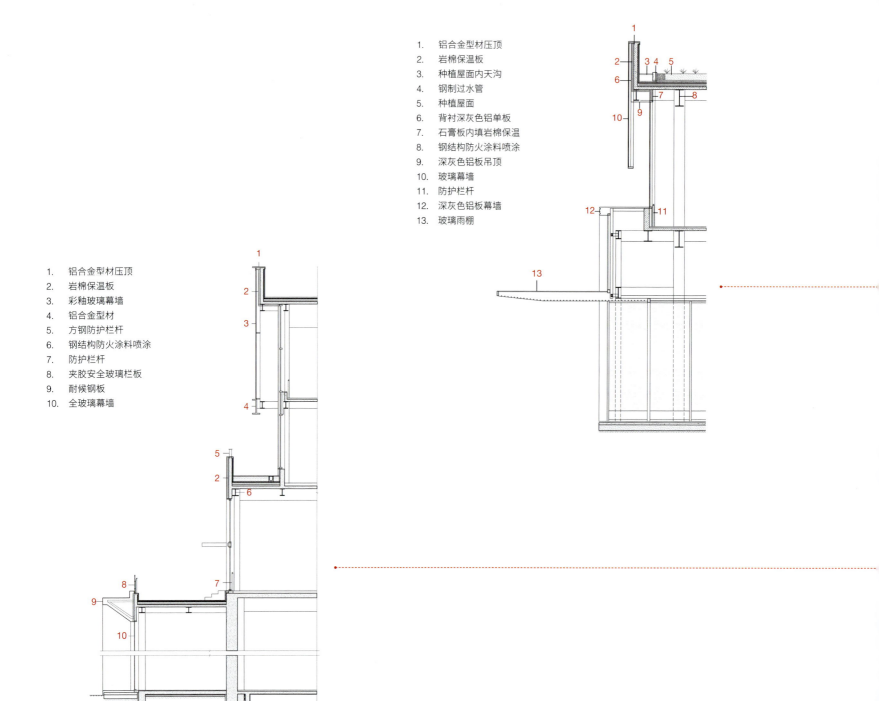

1. 铝合金型材压顶
2. 岩棉保温板
3. 种植屋面内天沟
4. 钢制过水管
5. 种植屋面
6. 背衬深灰色铝单板
7. 石膏板内填岩棉保温
8. 钢结构防火涂料喷涂
9. 深灰色铝板吊顶
10. 玻璃幕墙
11. 防护栏杆
12. 深灰色铝板幕墙
13. 玻璃雨棚

1. 铝合金型材压顶
2. 岩棉保温板
3. 彩釉玻璃幕墙
4. 铝合金型材
5. 方钢防护栏杆
6. 钢结构防火涂料喷涂
7. 防护栏杆
8. 夹胶安全玻璃栏板
9. 耐候钢板
10. 全玻璃幕墙

联合泵站墙身大样图

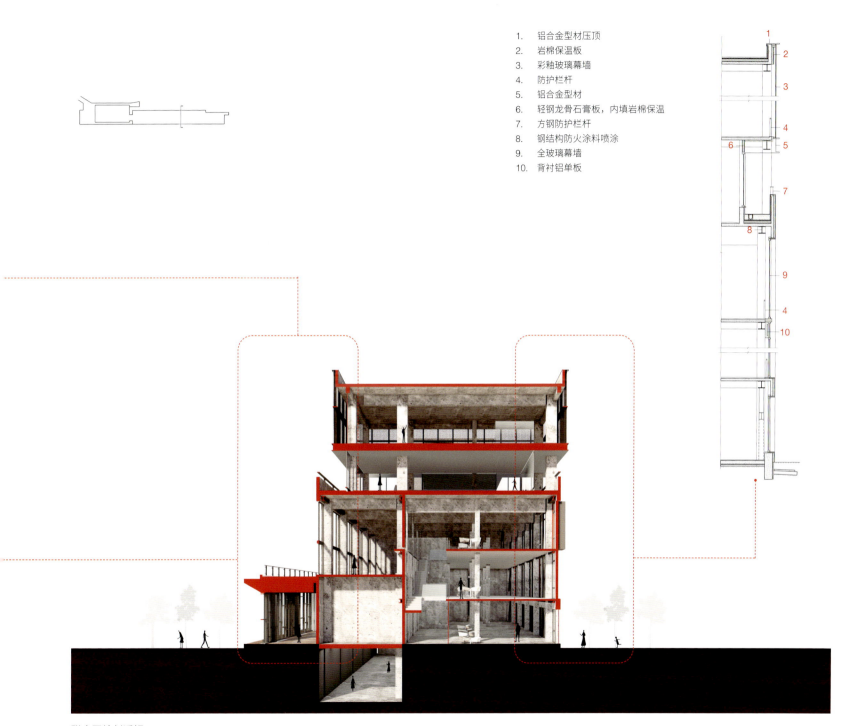

1. 铝合金型材压顶
2. 岩棉保温板
3. 彩釉玻璃幕墙
4. 防护栏杆
5. 铝合金型材
6. 轻钢龙骨石膏板，内填岩棉保温
7. 方钢防护栏杆
8. 钢结构防火涂料喷涂
9. 全玻璃幕墙
10. 背衬铝单板

联合泵站剖透视

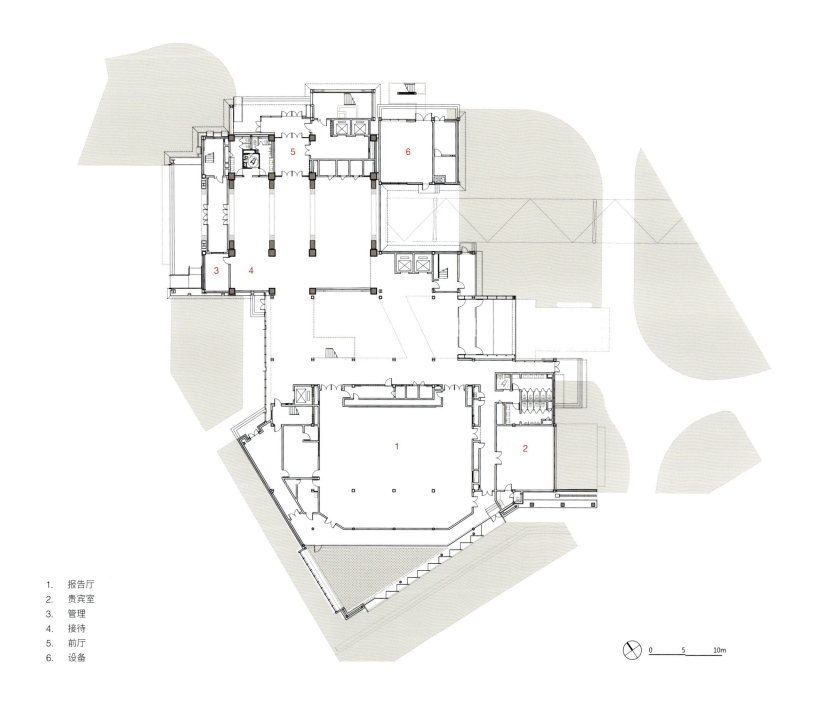

1. 报告厅
2. 贵宾室
3. 管理
4. 接待
5. 前厅
6. 设备

N3-2 及会议中心首层平面图

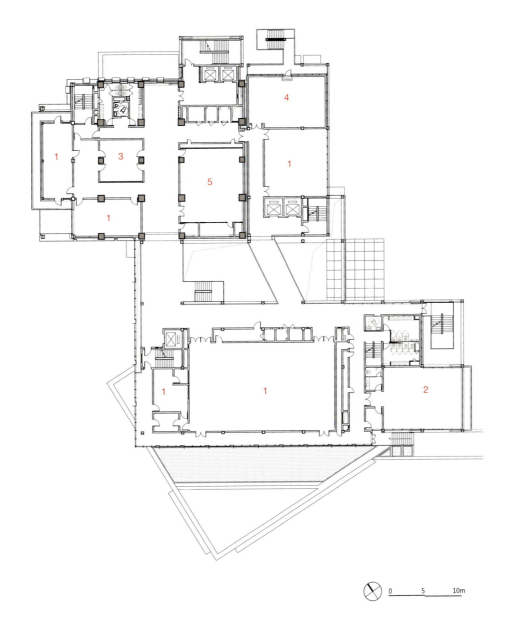

1. 会议室
2. 贵宾室
3. 休息室
4. 设备
5. 视频会议室

0   5   10m

N3-2 及会议中心二层平面图

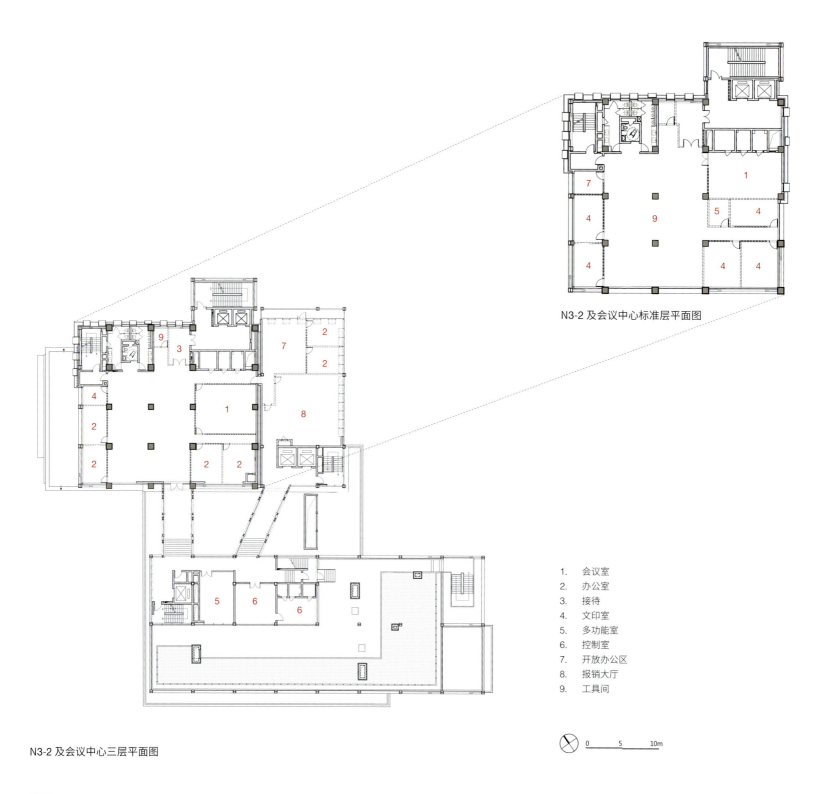

N3-2 及会议中心标准层平面图

1. 会议室
2. 办公室
3. 接待
4. 文印室
5. 多功能室
6. 控制室
7. 开放办公区
8. 报销大厅
9. 工具间

N3-2 及会议中心三层平面图

0   5   10m

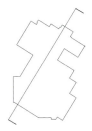

N3-2 剖透视

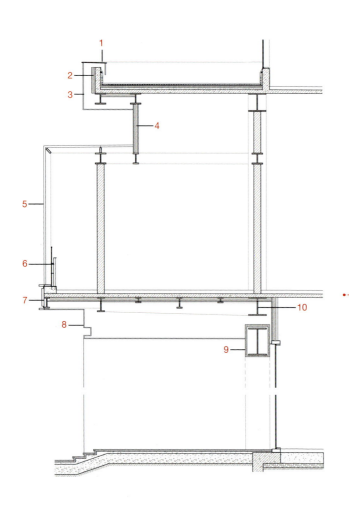

1. 铝合金型材压顶
2. 岩棉保温板
3. 耐候钢板
4. 轻钢龙骨石膏板墙体，内填岩棉保温
5. 全玻璃幕墙
6. 防护栏杆
7. 铝合金型材
8. 耐候钢板
9. 清水混凝土饰面
10. 钢结构防火涂料喷涂

N3-2 入口墙身大样图

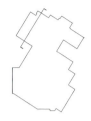

N3-2 入口剖透视

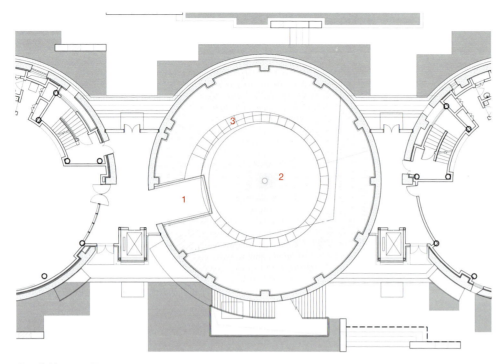

1. 平台
2. 漏斗
3. 弧形楼梯

北四筒首层平面图

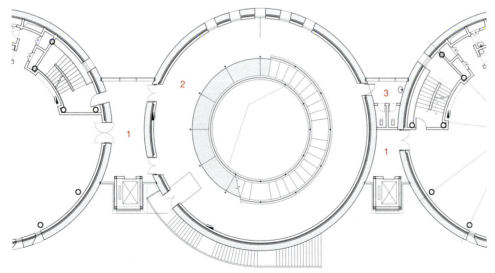

1. 门厅
2. 开敞办公
3. 卫生间

北四筒三层平面图

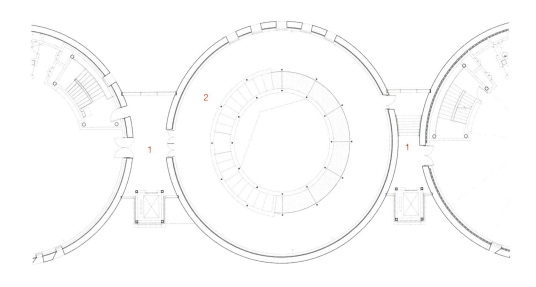

1. 门厅
2. 开敞办公

北四筒四层平面图

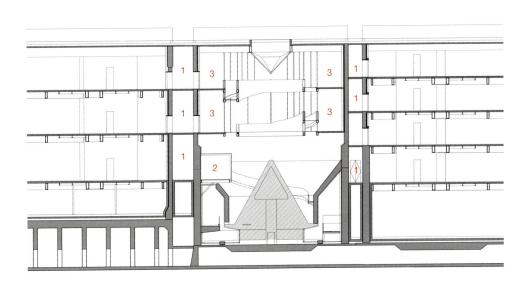

1. 过道
2. 4#筒首层平台
3. 4#筒开敞办公

北四筒剖面图

图 2-1-45　立面的新旧对比

2.1.4 技术创新

冬奥组委办公园区的更新过程中，通过碳纤维、钢板和阻尼抗震撑等手段对原有主体结构进行加固，以适应新的功能需求，类似结构构建也作为建筑立面核心表现的元素。轻质的石英板材和穿孔铝板的使用也契合了改造建筑严控外墙材料容重的原则，避免给原有结构带来过大结构负荷。除此之外，其他材料方面也尽量做到维持工业遗存的历史原真性，以新旧材料对比延续老首钢"素颜值"的工业之美（图2-1-45），比如采用粒子喷射及高压水枪除尘除锈、保持历史信息的高透低反耐候漆、保持历史信息的混凝土做旧工艺、保持工业风貌的耐候钢材料应用等（图2-1-46）。

图 2-1-46　耐候钢的使用

图 2-1-47 改造后的 4 号筒外立面

图 2-1-48 RE 睿·国际创忆馆内部

2.1.5 使用效果

1) 视觉饕餮

2020 年，北七筒中 4 号筒投入使用——RE 睿·国际创忆馆正式开馆。（图 2-1-47）这里也是国际上首个基于工业遗产改造的"文化遗产 × 数字科技"主题展馆，它利用全域影像、数控声场、XR 等技术把曾经的工业筒仓变身穿越时空舱，赋予 4 号筒新的生命力。（图 2-1-48）自 2020 年 7 月开馆以来，RE 睿馆已经完成 4 个主题大展（《重返·万园之园》《发现·北京中轴线》《不止·钢铁》《重返·奥林匹亚》），开发世界文化遗产主题原创课程 2 门，筹办文化专题活动 10 场、专题文化论坛 3 个。2022 年 12 月，RE 睿·首钢国际创忆馆文化阐释及传播策略项目荣获 2022 全球世界遗产教育创新案例奖 - 探索之星奖。

今天的 RE 睿·国际创忆馆用现代科技前沿的光影艺术追溯着往昔逝去的工业残影，以开放的视角、多元的体验、独特的空间感受，为公众呈现当代视角下文化遗产的全新魅力与文化生活体验最新趋势。4 号筒的更新让"湮没的"再现眼前，让"朽残的"重获生机，让工业遗存焕新而生，呈现出工业遗存最好的状态。（图 2-1-49~ 图 2-1-54）

图 2-1-49　筒壁窗口施工中

图 2-1-50　改造后的筒壁窗口

图 2-1-51　俯瞰保留的下料锥遗存

图 2-1-52　RE 睿·国际创忆馆环形展区

图 2-1-53　RE 睿·国际创忆馆光影大展

图 2-1-54　RE 睿·国际创忆馆顶层展区

2) 融新于旧

西十冬奥广场办公区是首钢冬奥里程的起点，见证了冬奥组委工作人员为保障赛事能成功举办所拼搏的日日夜夜。这里也是首钢园区改造更新的起点，引领首钢园区产业聚集的总体发展方向。"冬奥＋工遗"的划时代组合产生了强烈的化学反应，首钢园区的新生为奥运、为北京、为工业遗存的改造更新都增加了新的注脚。（图2-1-55~图2-1-60）

图 2-1-55　N3-2 转运站室内 1

图 2-1-56　N3-2 转运站室内 2

图 2-1-57　N3-3 转运站室内

图 2-1-58　主控室局部

图 2-1-59　原料主控室东端

图 2-1-60　联合泵站东端

图 2-1-61　料仓及原料主控室

图 2-1-62　冬奥组委办公楼入口

图 2-1-63　西十冬奥广场及阜石路北侧的高层社区

图 2-1-64　西十冬奥广场东侧概览

2017 年 8 月 26 日，国际奥委会主席巴赫来到首钢，对单板大跳台选址地和北京冬奥组委首钢办公区进行考察。巴赫称赞道：北京冬奥组委选择在首钢办公让老工业遗存重焕生机，这个理念在全世界都可以说是领先的；首钢在工业旧址上建起标志性建筑，做出了一个极佳的示范。（图 2-1-61~ 图 2-1-68）

图 2-1-65　西十冬奥广场西侧概览

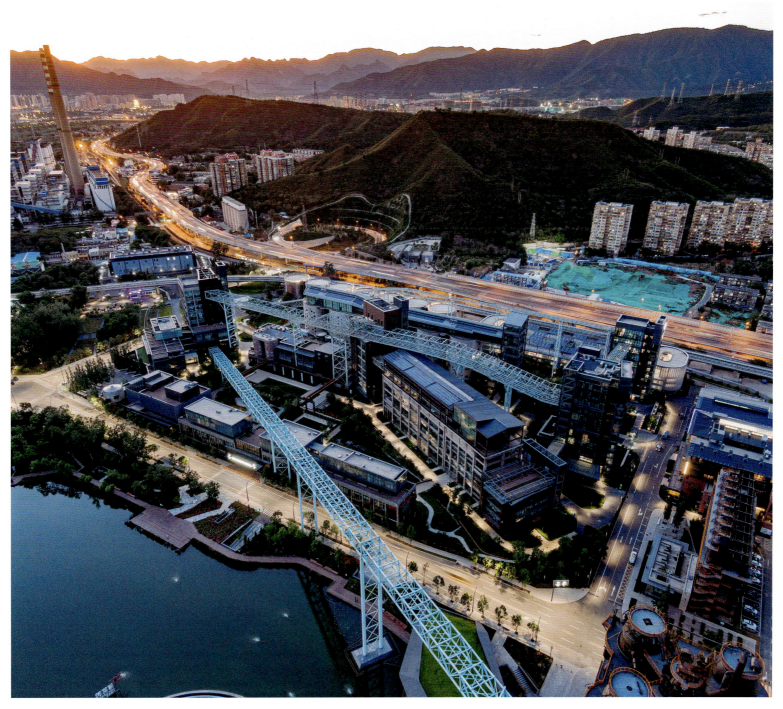

图 2-1-66　西十冬奥广场鸟瞰

图 2-67　西十冬奥广场北侧鸟瞰夜景

图2-1-68 俯瞰西十冬奥广场

2.2 城市服务：星巴克冬奥园区店

图 2-2-1　星巴克冬奥园区店区位图

2.2.1 项目概述

星巴克冬奥园区店是由三高炉干法除尘器罐体改造而成的。罐体遗存位于首钢西十冬奥广场东入口处（图 2-2-1），主要由容纳除尘布袋的罐体、检修平台和相关放散管道及控制设备组成，其工艺功能是对经过高炉重力除尘器一次除尘后的高炉粉尘进行二次除尘。

干法除尘西侧的一号高炉压差发电控制室则是为了控制东侧 200 m 之外的一号高炉。干法除尘器 8 个干法除尘罐体和 7 层检修平台间形成了强烈蒙德里安线条和色彩构成的"七横八纵"式的构图，具有很强的工业美学特征（图 2-2-2）。

图 2-2-2　干法除尘罐体"七横八纵"

2.2.2 设计策略

对工业遗存现场以适应性更新策略展开的思考催生了北京首钢星巴克咖啡冬奥园区店的更新设计。为凸显干法除尘的美学特征，提供从奥组委办公园区向东眺望的良性视觉对景，设计决定拆除遮挡罐体的控制室。当控制室拆除到仅剩一层时，即有罐体已经尽展眼前，这个留存的单层框架又似乎拥有了新的利用可能性。

1) 特征挖掘

从城市服务职能的空间设定角度看，这里紧邻奥组委东入口和北侧的工舍酒店，南眺一、三高炉，更是从轨道交通枢纽和北辛安路步行或车行进入园区的第一视觉焦点，它应该成为一个聚会、交往和休憩的空间，因此咖啡店似乎是契合度最高的功能植入选择。从动线组织和城市表情角度看，这组建筑需要导入北侧工舍酒店、南侧三高炉博物馆和西侧奥组委办公园区的人流，南北两侧都需要有效的出入口组织。南北向玻璃立面对三号高炉热风炉和工舍酒店形成框景，而西侧对向奥组委的立面则因道路和西晒问题需要一定的视觉遮蔽。从遗存构筑物的美学和空间特性看，拆除到一层的控制室呈现的是不遮挡罐体单层混凝土框架，横向框架强烈的水平感和干法除尘罐体更加强烈的横纵构图可以形成有效的呼应关系。（图 2-2-3~ 图 2-2-7）

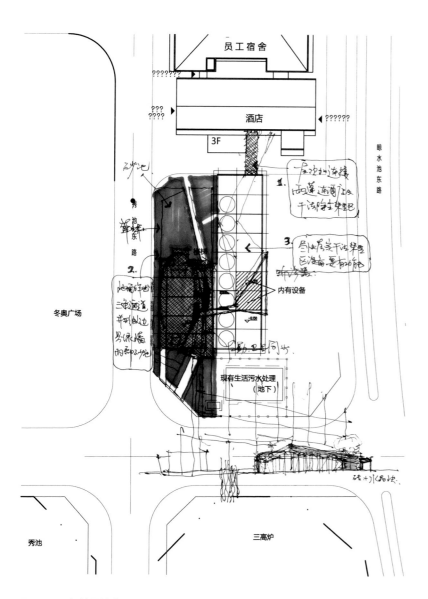

图 2-2-3　场地设计草图

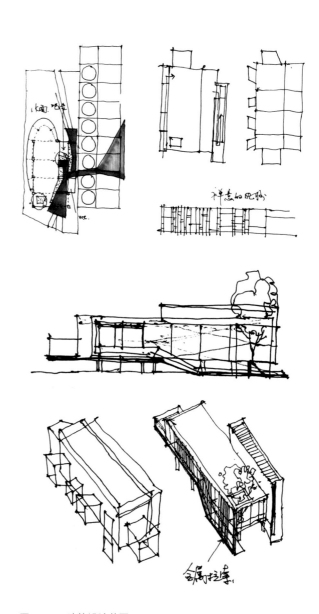

图 2-2-4　建筑设计草图

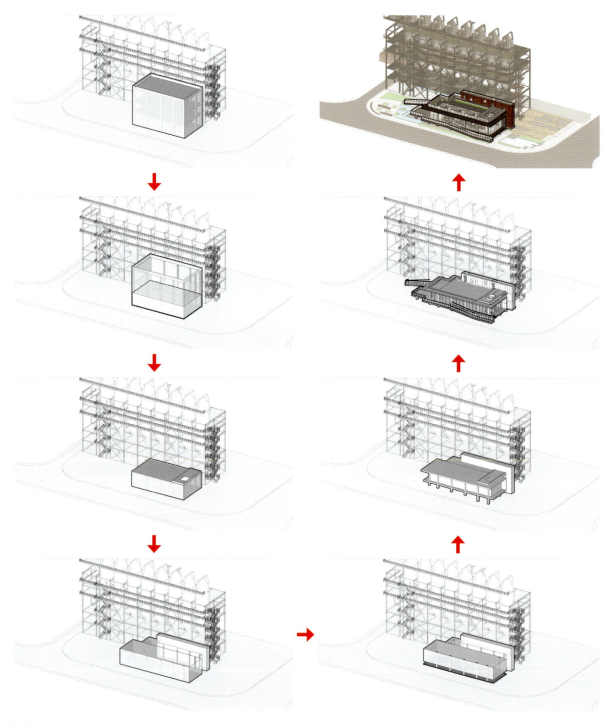

图 2-2-5　形体生成分析图

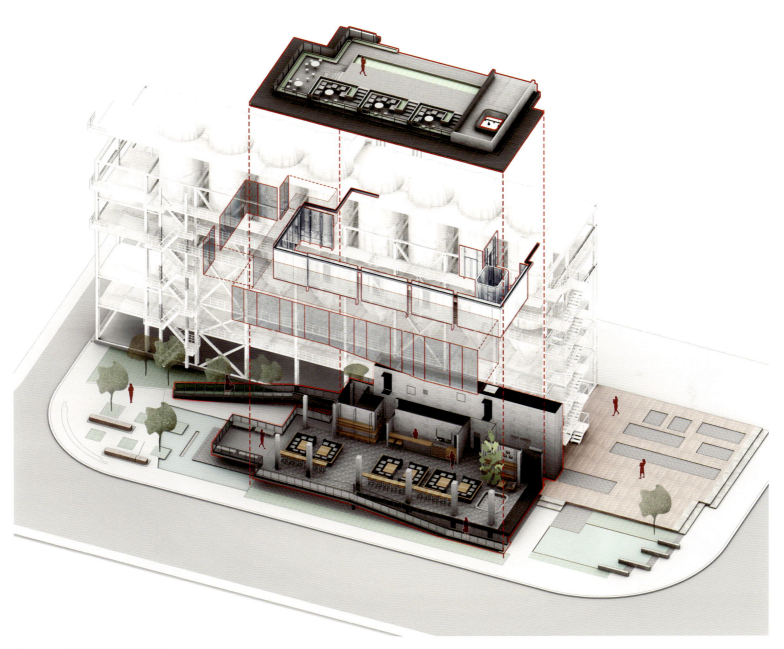

图2-2-6 星巴克建筑爆炸分析图

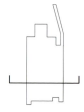

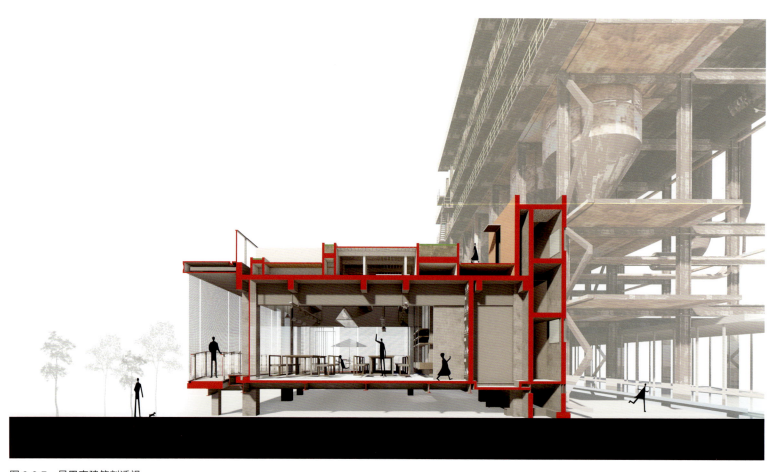

图 2-2-7 星巴克建筑剖透视

2) 弹性介入

拆除上部后保留下来的控制室一层框架层高达到 6.4 m，设计选择了一种拥有弹性的"轻"介入方式，避免"满"而多留"空"。设计将建筑地坪提升到 1.3 m 标高，剩余的 5.1 m 层高对于咖啡店而言已经足够，而提升的地坪则让新建筑拥有了轻盈的漂浮感，和背后紧邻的沉重罐体形成强烈的并置和对比的效果。同时，地坪的提升也令原建筑的地梁系统以一种工业考古视角的"遗址"样貌呈现出来，强化了自身的新旧对话（图 2-2-8）。

图 2-2-8　地坪提升后的地梁系统

图 2-2-9　从室外看玻璃庭院

图 2-2-10　从室内看玻璃庭院

图 2-2-11　与玻璃庭院对偶的会议室

图 2-2-12　咖啡店室内

3）"院"的对偶

压差发电控制室原南侧楼梯间梯段拆除后留下了开放的梯井，设计并不希望这处有趣的"空"被填充，方形倒圆角的玻璃庭院和穿越屋面而出的树木让"空"转化为了"院"，让绿色渗透进了建筑内部（图2-2-9、图2-2-10）。内装设计中营业厅北侧的同形卡座形成了内部空间的对偶式修辞。这里成为冬奥组委的"外部会议室"，经常一座难求（图2-2-11）。手托咖啡开会的情形正是人们介于工作和休息之间的"第三状态"，也是"第三空间"植入的意义所在（图2-2-12）。

图 2-2-13　从外侧看编织网饰面　　　　图 2-2-14　从内侧看编织网饰面　　　　图 2-2-15　编织网饰面细节

4) 东方气质

提升的地坪催生了建筑西侧和北侧的坡道处理，西向坡道外饰灰色氟碳漆钢条编织网，充当外遮阳系统过滤掉下午的西晒问题，同时提供了一个朦胧的半透明界面，柔化了西侧和园区的界面关系，也令建筑强化了东方气质下的轻盈感（图 2-2-13～图 2-2-15）。北侧坡道掠过轻浅的静水面从两列竹丛中转折而入，让这座小建筑的动线拥有了平行、交错差异化的体验（图 2-2-16、图 2-2-17）。

图 2-2-16　由竹丛转折而入的动线　　　　　　　图 2-2-17　北侧竹林坡道营造的东方气质

2.2.3 设计过程

干法除尘罐体和检修平台间摇身一变，成为星巴克在北京最
具工业风的冬奥园区店。其实设计之初，建筑师认为从城市
服务职能以及空间潜力来看，这座建筑只是一个聚会交往和
休憩空间。建筑主体建成后进行招商，随后星巴克咖啡店入
驻，设计团队则根据租户的要求，配合进行了相应的专业的
改造，满足租户后续使用要求。（图 2-2-18 ～图 2-2-23）

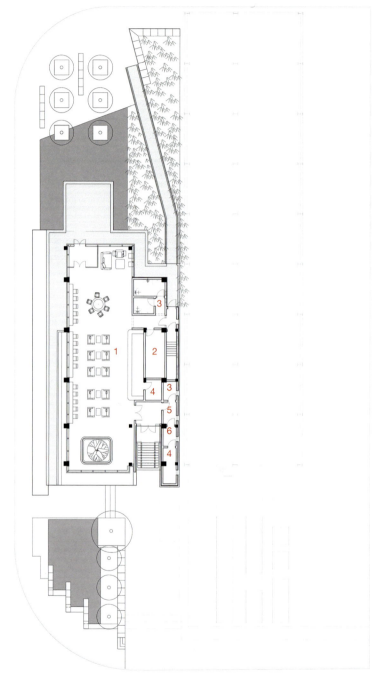

1. 咖啡厅
2. 操作间
3. 卫生间
4. 储藏间
5. 休息室
6. 更衣室

图 2-2-18　一层平面图

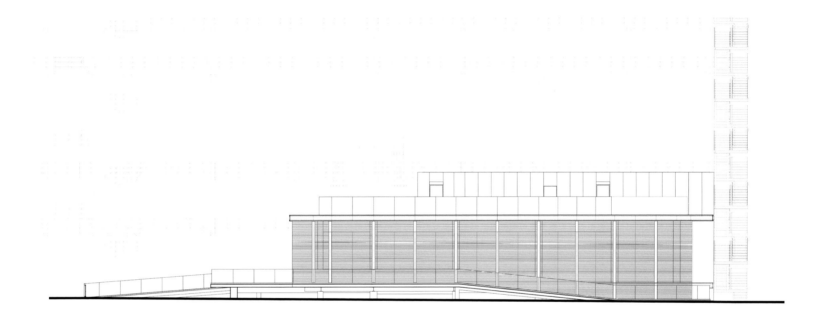

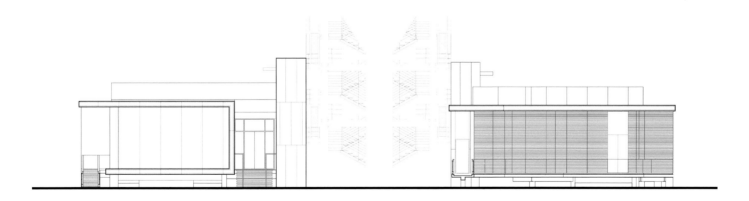

图 2-2-19　立面图

0　1　3m

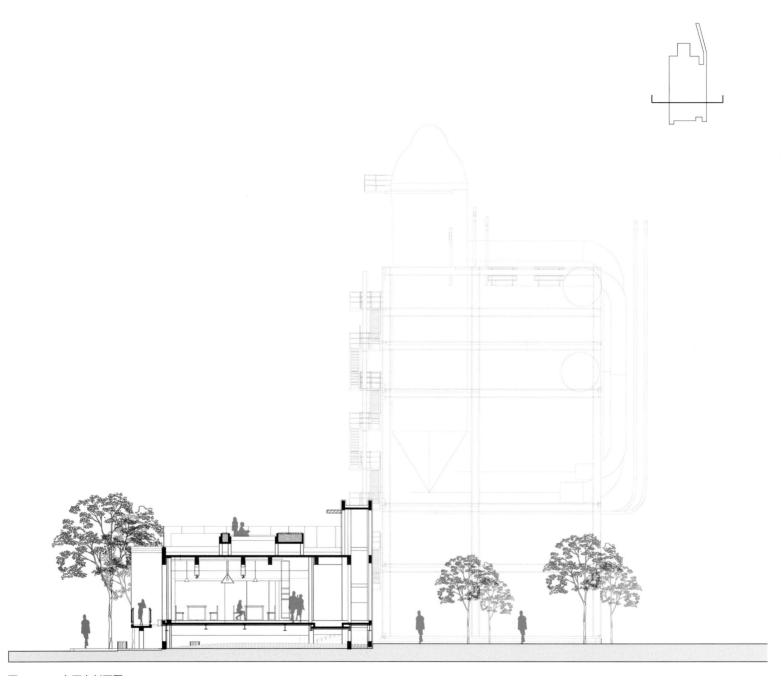

图 2-2-20　东西向剖面图

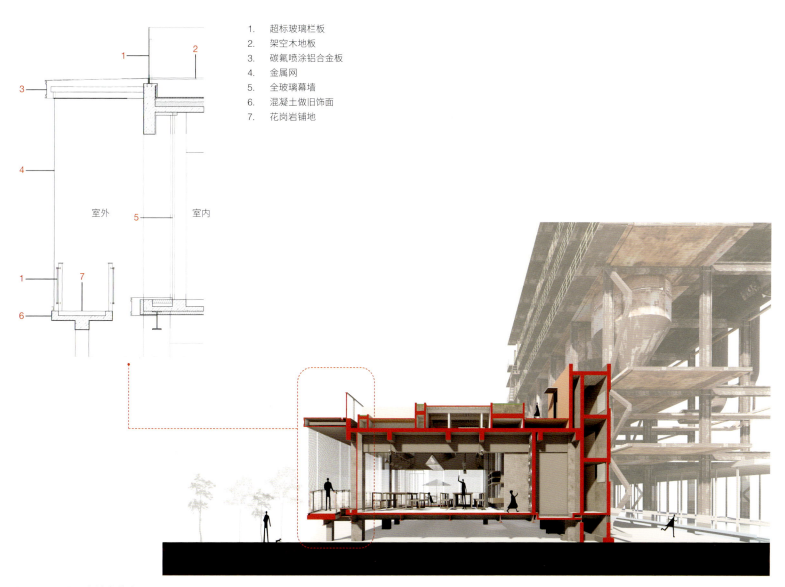

1. 超标玻璃栏板
2. 架空木地板
3. 碳氟喷涂铝合金板
4. 金属网
5. 全玻璃幕墙
6. 混凝土做旧饰面
7. 花岗岩铺地

室外　　室内

图 2-2-21　星巴克墙身节点

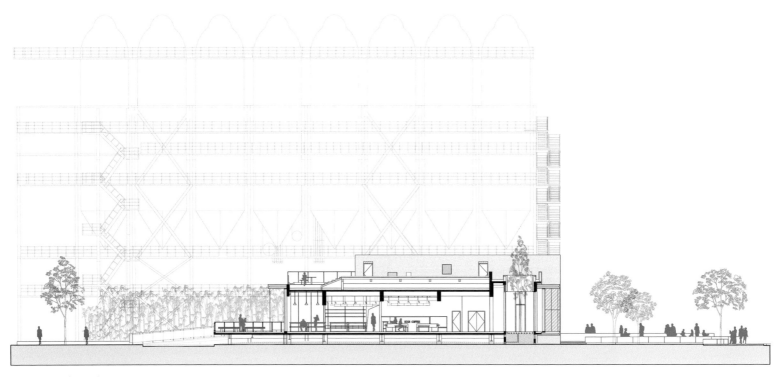

图 2-2-22　南北向剖面图 1

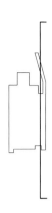

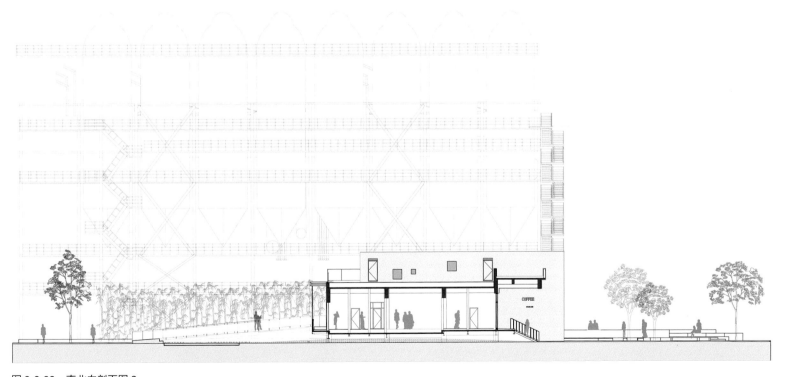

图 2-2-23　南北向剖面图 2

2.2.4 使用效果

在 2022 北京冬奥会筹备周期内，整个西十冬奥广场都是封闭的，而干法除尘改造的星巴克首钢园区店是奥组委办公期间唯一对外开放的空间。在更新过程中，这座 300 多平方米的星巴克咖啡店为园区植入了鲜活的城市功能，使之在新的空间结构和行为模式上与日常生活融为一体，为首钢园区第一季度的"竞技和生活"增添了丰富的城市色彩。（图 2-2-24~ 图 2-2-29）

图 2-2-24　改造后的店面与加固后的罐体检修楼梯

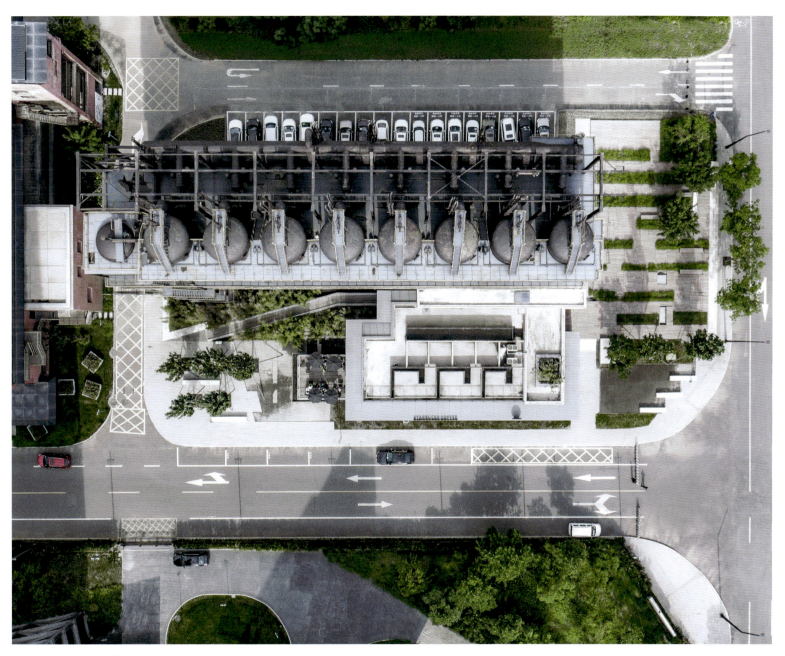

图 2-2-25 星巴克冬奥园区店顶视照

图 2-2-26　南侧入口

图 2-2-27　西侧主立面改造后

图 2-2-28　融入城市生活的咖啡店 1

图 2-2-29　融入城市生活的咖啡店 2

3

OLYMPIC-RELATED AND
URBAN SERVICE INDUSTRY:
"INDUSTRY+, LIFE+" IP COMMUNITY 2.0

涉奥与城市服务产业聚集：
"产业 + 生活 +" IP 群落 2.0

3.1 涉奥产业：国家体育总局冬季训练中心

3.1.1 项目概述

2017 年，首钢总公司与国家体育总局签署了《关于备战 2022 年冬季奥运会和建设国家体育产业示范区合作框架协议》，计划利用首钢总公司废旧厂房改建国家队训练场地，在首都体育馆全面改造期间，保障短道速滑、花样花滑、冰壶、冰球等项目的训练需求。2018 年，国家体育总局冬季训练中心及配套设施项目（以下简称冬训中心）开始为国家训练队提供高水平的训练生活基地。冬训中心项目位于首钢主厂区北区，西至西环厂路，东至电厂东路，南至四高炉南路西延，北至秀池南街（图 3-1-1）。项目总建筑规模 86849.08 m²，通过对精煤车间、金工车间、运煤站、水厂车间等工业遗存进行改造（图 3-1-2、图 3-1-3），建设速滑、花滑及冰壶 3 座国家队训练馆，并在北侧配套 1 座冰球训练馆，以及首钢秀池智选酒店、网球馆及配套公寓，主要使用功能为冬奥比赛、训练用房及其餐饮住宿配套设施。（图 3-1-4、图 3-1-5）

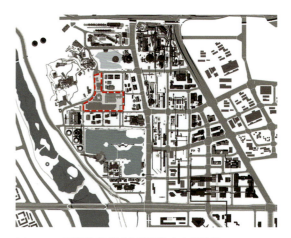

图 3-1-1　国家体育总局冬季训练中心区位图

图 3-1-2　精煤车间室外

图 3-1-3　精煤车间室内

图 3-1-4　训练中心主入口

图 3-1-5　国家体育总局冬季训练中心鸟瞰效果图

3.1.2 设计策略

冬训中心片区整体达成了从"工艺布局"到"城市布局"的转变,同时也是基于对工业遗存空间结构的充分认知、延续和顺应城市文脉的肌理;而从"工业巨尺度"到"人性化尺度"的转变则是针对具体遗存的具体改造措施,是恭谨地对待工业遗存并根据当下城市生活对其新的空间诉求谨慎地做出回应及调整,以达成这种功能尺度的转译。(图 3-1-6)

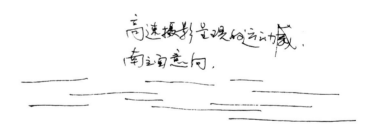

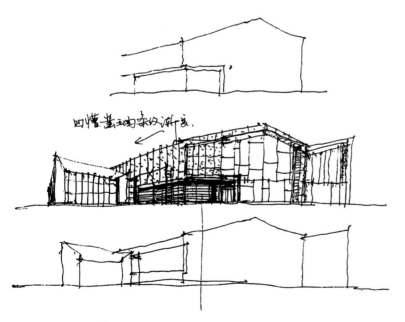

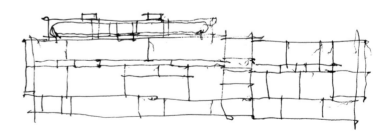

图 3-1-6 设计草图

1）精煤车间

根据中冶提供的《首钢精煤车间（编号 11）排架柱检测报告》（TC-GJ1-T—2018-055），首钢 精煤车间排架柱的检测结论为：排架柱均达到原设计强度等级 C30 的要求，排架柱布置满足原设计和国家规范的要求；据抽测钢筋保护层厚度检测结果为，部分混凝土柱以及抽测的所有混凝土梁的保护层厚度满足原设计要求，且所抽测混凝土构件的钢筋布置也都满足原设计要求。但排架柱存在混凝土保护层开裂、剥落、柱漏筋、轴柱间部分支撑缺失、维护墙板损坏、墙板与排架柱连接不符合构造要求等损伤，因此建议对存在混凝土保护层开裂、剥落、柱漏筋等损伤的排架柱进行修复和加固，补齐 9~10 轴柱间支撑，同时更换、修复损坏墙板，修复墙板与排架柱连接，或对维护结构进行统一更换。

精煤车间改造后地上建筑面积约 2.53 万 m²。保留原有的体量尺度，通过"化整为零"的手法将巨大的体量分成速滑、花滑及冰壶三个场馆空间，并对原有的结构特征进行了保留和再利用。（图 3-1-7）设计通过巧妙地选择材料，消解了原有建筑狭长单调的立面。东立面以内退一榀桁架形成灰空间的方式，保留了原精煤车间的立面尺度（图 3-1-8~ 图 3-1-10）；南立面上，保留了老建筑 36 m 跨度的立面形态的同时，也通过选用由密到疏的四种不同肌理的纵向人造石齿槽板材，以突出材料的密度变化的手法，呈现了一种竞技体育的速度感（图 3-1-11、图 3-1-12）。材料的颜色选择了与园区的整体色调一致的"首钢红"，与北侧灰色调的陆上训练中心形成了一大一小、一硬一软、一高一低、一红一灰的对比，带来具有反差性的视觉美感（图 3-1-13、图 3-1-14）。同时也在精煤车间的改造中将老抗风柱暴露出来，实现了对工业化时代集体记忆的再现（图 3-1-15）。建筑内保留下来的混凝土柱、天车梁和剪刀斜撑等工业遗存，起到结构支撑作用的同时，还提升了室内工业风的氛围，呈现出前所未有的"工业特色冰雪场馆"风貌（图 3-1-16、图 3-1-17）。

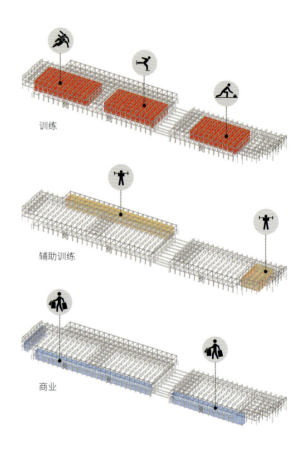

图 3-1-7　精煤车间改造后功能分析

图 3-1-8 ～图 3-1-10　冰壶馆+冰球馆内部道路西向透视、冰壶馆+冰球馆内部道路东向透视、精煤车间改造北立面局部

图 3-1-11 ～图 3-1-13　精煤车间南立面局部 1、精煤车间南立面局部 2、冬训队陆上训练用房东立面透视

图 3-1-14 ～图 3-1-17　冬训队陆上训练用房北立面局部、东立面局部、柱子和剪刀斜撑、保留的混凝土柱

2) 冰球馆

冰球馆通过对最具首钢工业特征的建筑形式——"门式排架"进行提炼，形成设计母型，并以阵列复制的方式形成大空间，以满足场地的空间需求（图 3-1-18）。这种方式同时也消解了体育馆建筑本身的大体量，从而在建筑尺度及建筑肌理上都与周边环境形成良好的对话关系。建筑立面采用清晰简洁的模数，与首钢工业厂房的内在秩序保持一致。冰球馆在大面积玻璃材料的选用上，采用印有渐变雪花图案的彩釉玻璃，以达到"在大雪纷飞的美丽景象下进行浪漫冰雪运动"的诗意联想。

3.1.3 设计过程

冬训中心项目设计过程的前期，设计团队协同业主，与国家体育总局冬季训练中心各国家队对接，从技术上推进冬训中心在首钢园区落位，利用老工业厂房改建国家队训练场地，设计策划"四块冰"及网球馆和运动员公寓产业功能、项目选址、整体布局、外部空间关系等，打造国家体育产业示范区。为了达到国际大赛的标准，要求设计团队在体育训练方面做出最优秀的工艺安排。除了一般的专业团队统筹之外，设计团队还须协调制冰工艺、体育照明、体育弱电智能化和场馆音响等专业团队，以确保国家队的训练场所能够与国际比赛场所的环境一致。在整个设计施工过程中，设计团队致力于整合各个专业领域的知识和技术，以创造最优质的训练环境，让我们的国家队在冬奥会上大放异彩。

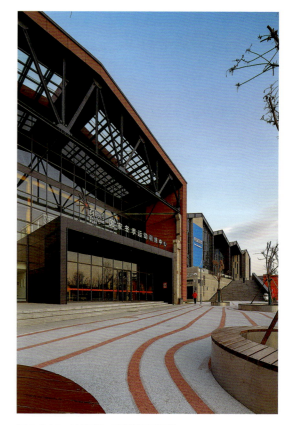

图 3-1-18　冰壶馆、冰球馆东南侧

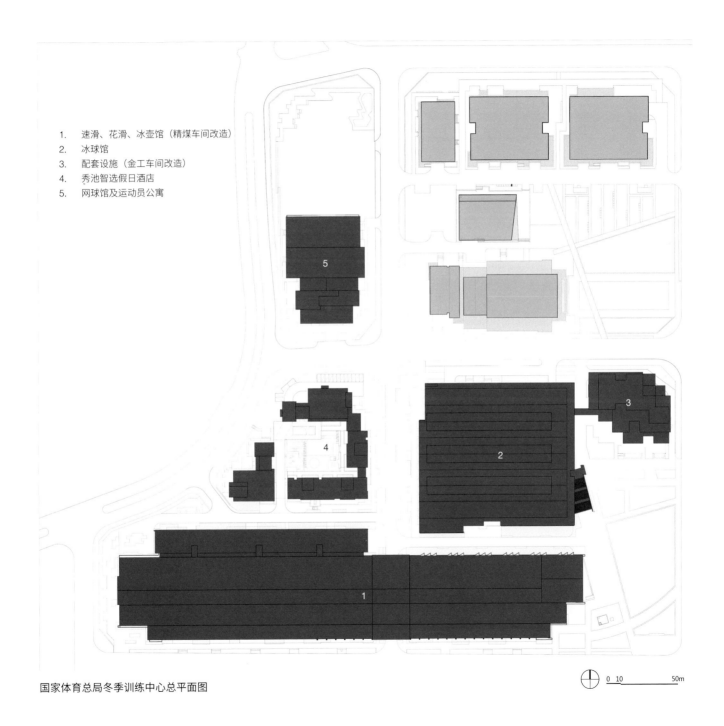

1. 速滑、花滑、冰壶馆（精煤车间改造）
2. 冰球馆
3. 配套设施（金工车间改造）
4. 秀池智选假日酒店
5. 网球馆及运动员公寓

国家体育总局冬季训练中心总平面图

0 10   50m

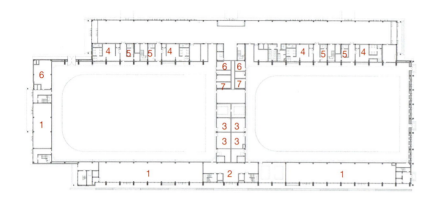
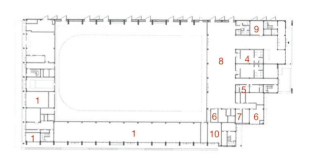

精煤车间首层平面图

1. 商业	6. 机房
2. 前厅	7. 存储用房
3. 器材室	8. 健身区
4. 运动员休息室	9. 医疗区
5. 教练休息室	

0 5 10m

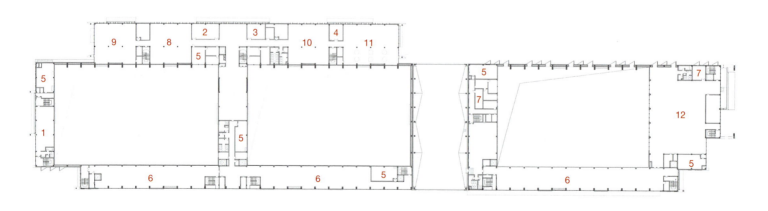

精煤车间二层平面图

1. 商业	5. 机房	9. 短道速滑体能训练
2. 会议	6. 体育产业用房	10. 花样滑冰舞蹈训练
3. 教育培训	7. 器材室	11. 花样滑冰专项训练
4. 医疗室	8. 短道力量速滑训练	12. 冰壶力量与体能训练

0 5 10m

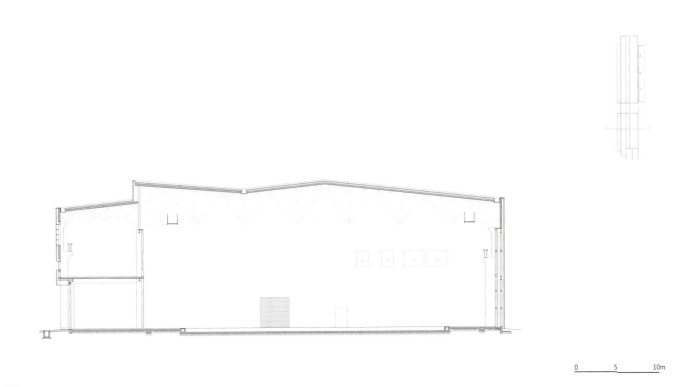

精煤车间剖面图

精煤车间剖透视

冰球馆地下一层平面图

0　10　20m

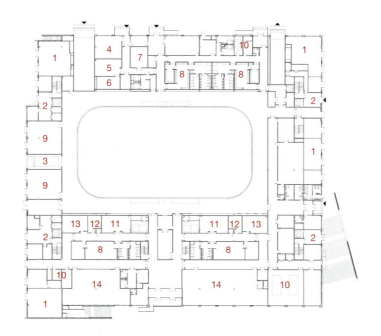

冰球馆一层平面图

0　10　20m

冰球馆东西立面图

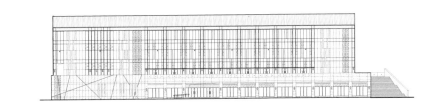

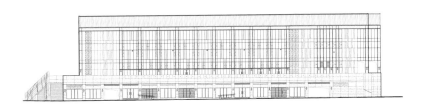

冰球馆南北立面图

东南侧小广场及主入口

室内训练空间 冰壶馆室内

3.1.4 技术创新

1) 绿色场馆

冰球馆是按照绿建三星和 LEED 金级标准建造的，精煤车间改造是按绿建三星标准进行设计实施的，并获得了相应的评价标识。为冬训中心配置的制冰主机均自带余热回收装置，这使得机器在制冰的同时能够回收余热，而余热可获得 35℃的热水。精煤车间、冰球馆屋面铺设了大面积的太阳能光伏发电板，所产生的直流电经过逆变器转换成交流电之后接入本建筑的电网，供建筑用电设备使用。

2) 智慧场馆

全新的智能管理系统有效控制和监测场馆的冰面温度、冰底温度、机组运行状态、室内温度及能耗情况，同时空调新风系统能够降低 PM2.5 浓度，不仅能够保障运动员的身体健康，也为国家队训练提供绝佳的环境。

3.1.5 使用效果

目前冬奥已经圆满闭幕。国家队返回首体训练后，冬训中心会全面面向公众，提供社会培训场地，助力实现习总书记提出的"三亿人上冰雪"的全民健身计划。同时，冬训中心的冰球馆也是目前国内唯一一个达到北美冰球联盟 NHL 比赛标准的冰球比赛用馆，未来这里会成为北京市乃至全国首屈一指的冰球比赛用馆，也会成为北京市冰球队的主场场馆。中国花滑总教练赵宏博曾盛赞冬训中心："从设施来看，首钢花滑馆已经达到世界顶级水平，是现代场馆与工业遗存的完美结合。"从冬训中心走出的我国运动健儿在冬奥会上勇夺 3 金、1 银、1 铜，创造出无上荣光的战绩，书写出中国"冰上荣耀"。从赛前保障国家队训练到赛后考虑到场馆功能的民用转换，冬训中心为"后奥运周期"服务城市职能做了充分准备。（图 3-1-19~ 图 3-1-30）

图 3-1-19　精煤车间东南侧夜景

图 3-1-20　冰球馆东南向外景

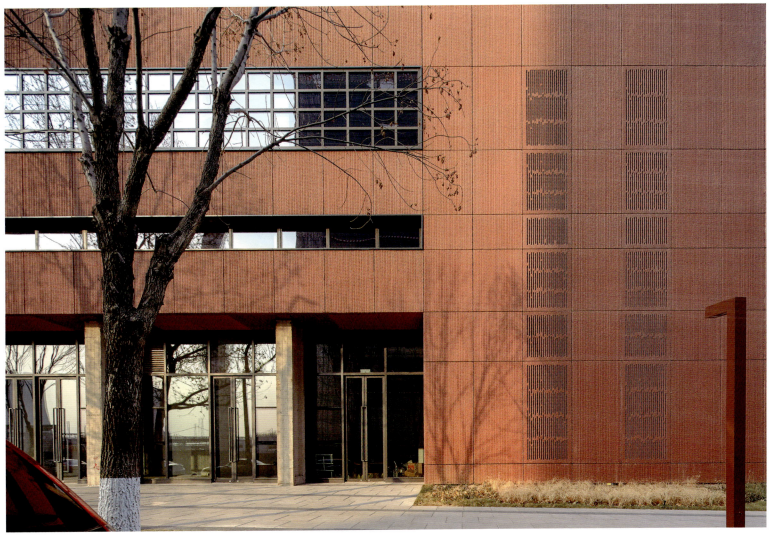

图 3-1-21　精煤车间南立面局部

图 3-1-22 冰壶馆北立面局部

图 3-1-23 冬训队陆上训练用房北立面

图 3-1-24 西立面局部

图 3-1-25　东立面局部

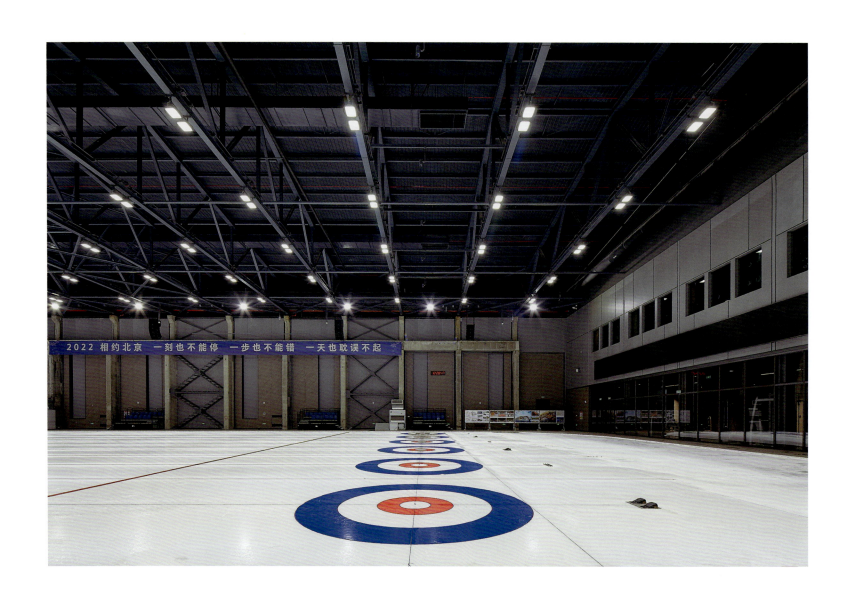

图 3-1-26　冰壶馆室内一角

图 3-1-27　冬训队陆上训练用房室内

3.2 涉奥服务：网球馆及运动员公寓与秀池智选假日酒店

3.2.1 项目概述

网球馆及运动员公寓位于石景山东麓、国家体育总局冬季训练中心西侧，西临秀池西街，南至五一剧场路，原为软化水车间主机修车间厂房（图 3-2-1），改造后包括一栋公寓加两栋网球馆。秀池智选假日酒店位于新首钢高端产业综合服务区内北端，北起五一剧场路，西至西环厂路，东至电厂路，南邻精煤车间冰上训练馆，共计 4 栋建筑单体，总建筑规模约为 2 万 m^2，均为多层建筑。（图 3-2-2）

图 3-2-2　网球馆及运动员公寓与秀池智选假日酒店区位图

图 3-2-1　厂房改造前

图 3-2-3　网球馆山墙面

图 3-2-4　围合的庭院

3.2.2 设计策略

这里街廓的小尺度、丰富的现状植被以及呼应场域肌理的工业遗存，都为项目提供了近人友好的空间感受和工作界面。

网球馆坡顶红砖的建筑形态，姿态谦逊，尊重首钢园区的老建筑形式，回应工业符号和特色，延续首钢园区的工业肌理。整体选用砌砖的方式，既匹配园区的红砖特征，又暗喻新变化，敦实而又不失趣味。2 个网球馆横跨在首层砖墙之上，其山墙面前后均出挑于砖墙之外，并使用空斗砖穿筋的构造做法，质朴亦不失通透（图 3-2-3）。空斗砖在西侧山墙面还可视作外遮阳系统，同时提供一个半遮蔽的朦胧界面，柔化了西山墙与园区的界面关系，也强化了东方建筑气质下的轻盈感。除了砖的多种使用方式，网球馆的南北立面还大面积干挂混凝土板，肌理凹凸，更像是现代环境下灰色的底色背景，烘托由红砖营造的传统街区氛围。

网球馆及运动员公寓一纵一横的构图，勾勒出掩映在自然之中、自由舒展的空间形态。高起的公寓拥有城市界面的标识性，水平展开的网球馆蔓生大树之下的悠然感，拉通的首层界面织补出内向型的半围合庭院（图 3-2-4）。网球馆与公寓之间是以保留树木环抱的大树庭院，大树之下既是公寓的后花园又是网球馆的户外拓展场地，是紧张备训中的空间调剂。西侧因与道路高差形成的下沉庭院与大树庭院相连，既扩大了室外活动场地又有良好的私密性，且面西可与石景山直接对话，构建出近景、中景、远景叠加增强的

园林化特质，传递出中国独有的空间动态阅读方式。（图3-2-5）

结合园区原有职工宿舍用地，在充分尊重既有区域地貌、植被和空间肌理的原则下，改扩建的首钢秀池智选假日酒店，以院落空间为核心的布局实现了采光面的最大化，同时也令所有客房最大限度地享有面向石景山及内部绿化庭院的迷人视野（图3-2-6）。

一组环状游廊成为建筑物和庭院间的柔性连接，廊道提供了一组遮风避雨的人性化灰空间，同时界定了几组尺度各异的绿化边院，其中又以北侧边院最具特色：泡桐遒劲的枝干从院落中拔地而起，与北侧建筑依偎而立，在浓浓的绿意间场所拥有了很强的地域性存在感，令建筑拥有了如儿时合院般的亲切感（图3-2-7~图3-2-10）。

图3-2-5　网球馆及运动员公寓

图 3-2-6　秀池智选假日酒店

图 3-2-7　中央庭院北侧风雨廊道

图 3-2-8　外廊中穿出的保留树木

图 3-2-9　廊道下的光影

图 3-2-10　廊道彩釉采光顶

建筑体块被切分为四个中型尺度体量，并辅以小尺度的连廊和底层连接体。即使最大体量的建筑单体长度也被控制在 50 m 以内，与 24 m 的高度形成 1：2 左右接近黄金比例的比例关系。在面向石景山的西、北侧，通过敞开院落西北角，将建筑体量由 7 层降至 4 层等手法，进一步加强与自然环境空间及视觉上的交融（图 3-2-11）。

1. 维持场地原有宿舍横向肌理

2. 保留基地内七棵原生大树

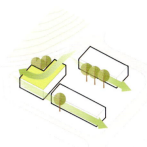

3. 保留树木界定建筑的界面与形态

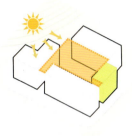

4. 采用围合式布局，还原北方院落的人居范式

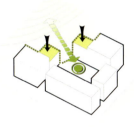

5. 打开某地西北角，与石景山产生对话

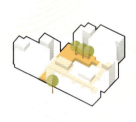

6. 加入风雨连廊，增加公共空间层次，形成立体游走的园林化特质

图3-2-11　秀池智选假日酒店体块生成分析图

图 3-2-12　楼之间的连接处　　　　　图 3-2-13　庭院内游廊

图 3-2-14　自东而西看中央庭院

体量较大的 1,2 号楼又通过平面上的进退、材质的变化，以及充满韵律感的窗口给建筑物整体外观注入灵动的表情，传递家的温暖（图 3-2-12~ 图 3-2-15）。

值得一提的是，设计对基地内七棵胸径在 20 cm 以上的现状大树提出了严格的保留措施，建筑、设备管线设计及施工均充分考虑树木的生长需求。南侧入口处的一棵大榆树基本界定了建筑南侧边界，西侧的三棵榆树界定了西南建筑 L 形平面形态和西北半开放院落的格局，中部三棵大泡桐则界定了中央庭院的北侧界面。网纹彩釉玻璃覆盖的天井中，阳光倾泻而下，让廊道中充满了光的礼赞。沿廊拾级而上到达廊顶二楼栈桥，凭风而立，或索性登上四层屋顶露台，与石景山、永定河隔空对话，更呈现了项目定位中的山水意趣。于钢铁巨构丛林之中感受自然与人文魅力所产生的震撼体验，使人久久难忘（图 3-2-16~ 图 3-2-19）。

图 3-2-15　保留树木与建筑的对话

134

图 3-2-18　二号楼处保留树木　　　　图 3-2-19　游廊旁的保留树木

图 3-2-16　风雨廊侧院内的保留树木

图 3-2-17　建筑、道路与树木的关系

3.2.3 功能描述

网球馆与公寓东侧相连，形成街道界面的空间连续性。2 个网球馆内部为连通的大空间，并将配套功能全部设置在东侧，且利用球场的净空高度叠置功能，共享更衣淋浴室、理疗推拿室及健身休息室等。公寓在平面布置时也在东侧形成功能呼应，首层设置共享空间，楼上客房转向留出通道通往网球馆。改造后的运动员公寓客房共计 88 间，分单人间、双人间等多个房型，最高峰时下榻的冬奥运动员约 160 人。同时，在公寓北侧联排多个网球馆（现阶段建设 2 个，预留 2 个远期建设），丰富运动员训练之外的康复活动。网球馆后因其高大空间的尺度灵活性，还成为中国短道速滑国家队 2021—2022 赛季出征仪式的会址。秀池智选假日酒店设置多种居住房型，包括大床房、标准间以及公寓式房型，满足不同的居住需求。在首层设有配套公共服务功能，包括餐厅、健身房以及 5 个会议室等。这里由"洲际酒店"负责后续的运营，确保社区的使用品质。（图 3-2-20~ 图 3-2-23）

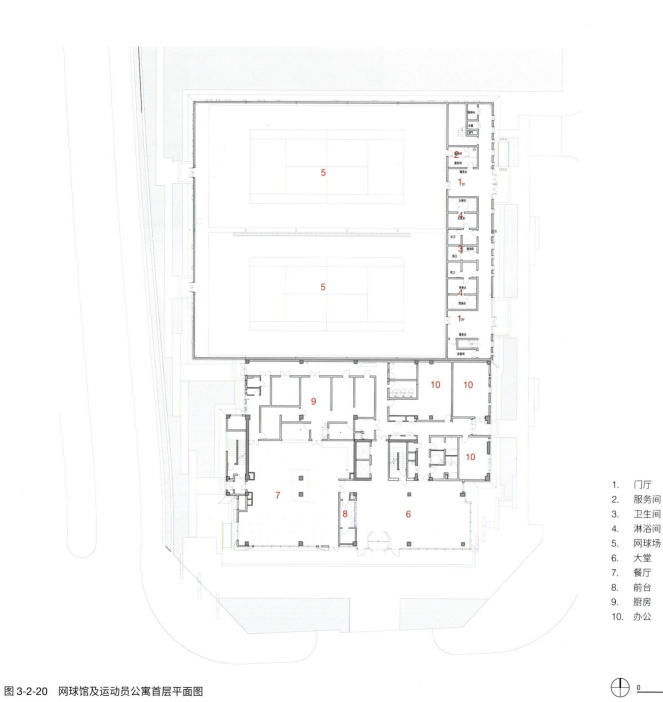

图 3-2-20　网球馆及运动员公寓首层平面图

1. 门厅
2. 服务间
3. 卫生间
4. 淋浴间
5. 网球场
6. 大堂
7. 餐厅
8. 前台
9. 厨房
10. 办公

0　　5　　10m

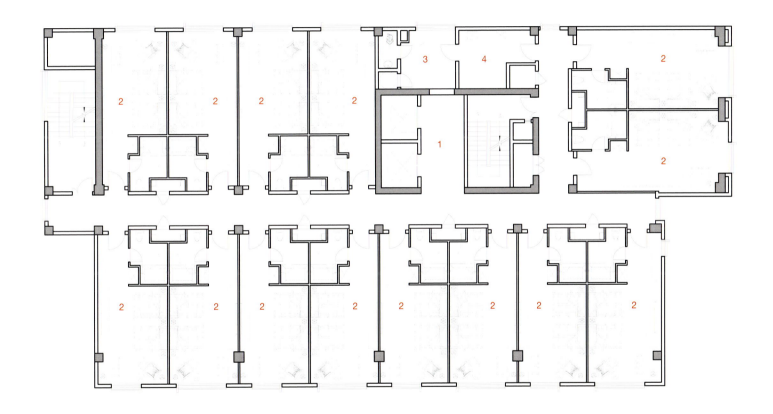

图 3-2-21　运动员公寓标准层平面图

1. 电梯厅
2. 宿舍（赛后旅馆）
3. 布草间
4. 消毒间

0　　　　　5　　　　　10m

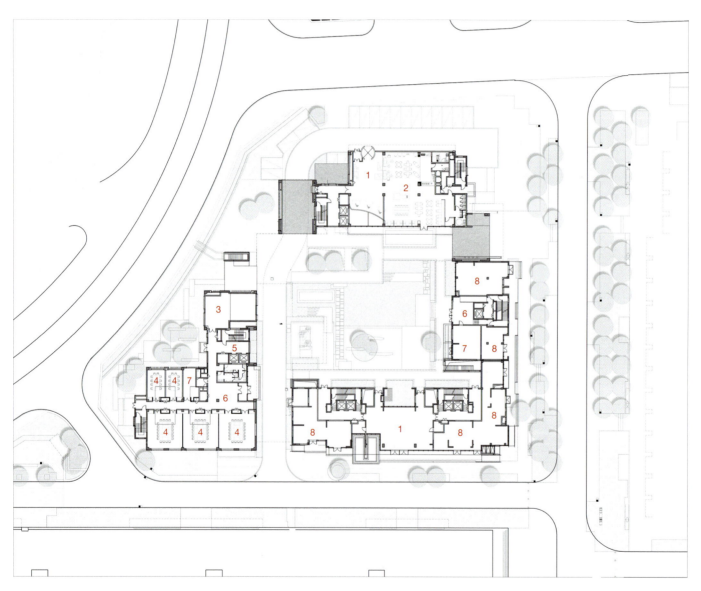

图 3-2-22　秀池智选假日酒店首层平面图

1. 大堂
2. 餐厅
3. 健身房
4. 会议室
5. 电梯厅
6. 门厅
7. 消防控制室
8. 配套服务

0　　5　　10m

图 3-2-23　秀池智选假日酒店标准层平面图

3.2.4 技术创新

网球馆及运动员公寓在建筑立面的细节上进行了创新设计，具体做法如下：

1）首层砌砖做法

网球馆与公寓首层拉通，立面风格在呼应园区邻里关系的基础上还着重强化了基座的传统营造。设计在砌块墙外做烧结砖砌筑，夹心保温，比传统的全砌砖做法更兼顾室内墙面平整和室外墙面美观。烧结砖选用标准尺寸立砌和平砌组合，形成丁砖出挑的肌理。门窗洞口上部过梁下部出挑以延续墙面上段湿砌做法，过梁出挑尽可能做到短和扁，在立面刻画出精细内凹的水平拉通线条。最上一皮砖与上层出挑的山墙面之间以内凹的 U 形金属型材收边，通过阴影暗面以形成精致挺括的视觉效果。（图 3-2-24、图 3-2-25）

2） 二层空斗砖做法

网球馆的上部形态是人字坡硬山顶，山墙面也选用砖作为主要材料，顺应场地周边建筑色彩关系。因网球馆是东西向设置的，须要解决西晒炫光的问题，于是空斗砖的做法应运而生。标准烧结砖尺寸，两种穿孔位置，在玻璃幕墙外形成凹凸错落的穿筋空斗砖肌理。相较于传统砌筑空斗砖，穿筋做法更适用于高大墙面且现场无湿作业，砖坯之间不用砂浆粘连，而是由金属垫片和连接件联系，连接件再与竖龙骨相连挂接至主钢结构上。空斗砖在与其他立面材质交接处，均以铝板收边，呈现更理性更精致的构造风格。（图 3-2-26、图 3-2-27）

图 3-2-24　首层立面材质

图 3-2-25　首层雨棚

图 3-2-26　二层立面材质

图 3-2-27　砌砖做法细部

3）面砖拼贴设计

公寓二层及以上采用湿贴柔性面砖做法，以通长雨棚作为分界线，上部以深中浅 1：2：7 的比例杂色贴面砖，并且在楼层线及开间内勾勒横纵划分，强化立面构成肌理。砖的多种做法既契合基地和南侧洲际假日智选酒店的面砖元素，同时也让网球馆公寓在更大的区域范围内，在满足现代功能和审美需求的同时，致敬邻里街区历史风貌，统一又有变化。

4）齿槽板收口做法

网球馆纵墙面干挂深灰色混凝土板，其齿槽宽度深度及板材骨料配比均为开模设计。南北两个纵墙面对缝对槽拼接混凝土板，并在其上做开窗处理，窗洞不跨越结构单元且与混凝土板模数匹配，在已有分缝中消化窗洞划分。齿槽板的上下檐口均以铝板收边，并在铝板上内嵌洗墙灯带，在暖黄色泛光的烘托下，夜晚的网球馆更多了几分柔和亲人之感。（图 3-2-28、图 3-2-29）

图 3-2-28　网球馆立面齿槽板 1

图 3-2-29　网球馆立面齿槽板 2

5）檐口设计

厂区内老建筑的坡屋面一般为瓦屋面，而网球馆的人字坡为优化施工工序和后期免于围护采用了铝镁锰板直立锁边，且在坡屋顶低点做通长的雨水沟，更好地引导屋面排水，尽可能减少雨水对立面材质的侵蚀。

6）公寓遮阳板设计

公寓上部立面主要为窗墙体系，铝合金窗套略凸出于墙面，每个窗洞均有手动开启扇，兼具通风和自然排烟功能。开启扇的开启数量和开启角度都是自由变化的，所以立面在开启扇开启时完整性是受到影响的。为强化立面整体性，在每个开启扇旁侧的窗套内增设了仿木纹铝制遮阳板，既弱化了开启扇对立面的影响，也起到遮阳作用，并结合泛光洗墙灯强化立面设计构成。（图3-2-30、图3-2-31）

图 3-2-30　公寓立面窗套 1

图 3-2-31　公寓立面窗套 2

图 3-2-32　庭院内一瞥

图 3-2-33　网球馆入口

图 3-2-34　网球馆及运动员公寓全景

3.2.5 使用效果

网球馆及运动员公寓是冬训中心的首个配套项目，赢得北京冬奥会首金的短道速滑混合团体接力赛的所有参赛队员、花样滑冰天才少年金博洋以及不断突破极限收获两金一银的谷爱凌均在此下榻，这里也被奥运健儿们亲切称为"冠军酒店"。在赛前规划阶段，已明确将网球馆及运动员公寓赛后改为酒店，所以在赛前设计时已充分兼顾赛后酒店管理公司的运营需求。客房开间、进深、净高、间数的配置要求，单双人间、亲子房间、行政套房的户型配比，公区大堂、餐饮、会议、厨房、员工休息区等流线设置和面积配比，都在赛前土建设计中得到回应，为赛后的零拆改无缝转换预留条件。（图 3-2-32~ 图 3-2-34）

秀池智选假日酒店完成了西侧石景山景区以自然绿化环境为主，小尺度建筑群向东、南侧工业巨尺度建筑体量（冰球馆、精煤车间）的"织补"和"链接"。本着尊重基地历史、发掘区位价值的态度，不仅延续了原地块的居住功能，更通过对外部环境的呼应处理和内部空间的营造体现了对文脉的尊重。洲际智选品牌的公寓式酒店是 2019 年 2 月 1 日习近平主席视察首钢园区到冬训中心慰问奥运健儿的场所。（图 3-2-35~ 图 3-2-37）

冬奥作为大型城市公共事件为首钢园区的复兴创造了历史机遇，冬奥配建项目也在赛前设计之初就做好严密统筹、履行双碳承诺、做出匹配城市长远发展的全龄周期综合利用的探索。网球馆及运动员公寓与秀池智选假日酒店在赛前肩负"竞技服务"的特殊使命，积极响应国家"将 2022 冬奥会办成一届精彩、非凡、卓越的奥运盛会"的殷切希望，共同完善冬训中心的综合体育品牌配置功能；赛后也顺利对接社会服务功能，实现资源节约的长远目标。

图 3-2-35　酒店中央庭院

图 3-2-36　自西而东看酒店中央庭院

图 3-2-37　秀池假日智选酒店立面

3.3 城市服务：六工汇

3.3.1 项目概述

六工汇项目位于北京西部石景山区，北望秀池、南观群名湖、西眺石景山，是两湖区域的核心建筑群，也是环绕冬训中心的重要城市织补建筑群落。（图3-3-1）"六工"源于《礼记·典礼》，代指六个主要工种："天子之六工曰：土工、金工、石工、木工、兽工、草工，典制六材。""六工"除了代表着匠人精神，也寓意来自不同城市、不同行业和背景的人，同时"六"也暗指项目的六个地块；"汇"则是汇聚、聚集的意思，寓意创意的火花在这里聚集、碰撞、燃烧。

六工汇项目通过链接两湖区域周边重要的自然环境及工业地标，将原本松散的工业布局逐渐转换为具有连贯性的"双U字形"布局，进一步呼应与界定了与之关联的城市空间结构。这里是首钢园区北区的核心地带，2022年北京冬奥会上，运动员在"雪飞天"大跳台起跳时，背后饱含时代印记的工业化场景引发了全球关注和热议，群明湖、冷却塔、六工汇等景象也随着奥运选手的一次次腾空跳跃，频频出现在公众视野中。六工汇因冬奥会而享誉海内外，谷爱凌和苏翊鸣在这里创造了历史，实现了中国在大跳台项目上的突破。而在后奥运时代，六工汇作为集零售商业、甲级办公、休闲体验、文化艺术于一体的综合性遗存再利用项目，成为京西极具活力的城市商务和休闲目的地。（图3-3-2）

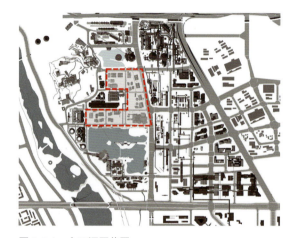

图 3-3-1　六工汇区位图

图 3-3-2　六工汇局部鸟瞰

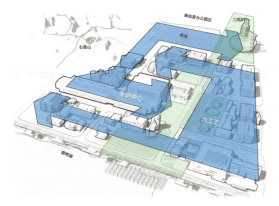

图 3-3-3　六工汇与冬训中心"阴阳相生"的咬合结构

图 3-3-4　20160505 城市设计草图

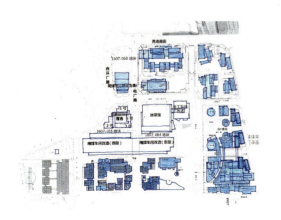

图 3-3-5　20171012 深化设计草图

3.3.2 设计策略

1) 六工汇整体

六工汇与冬训中心这两组群体"环抱带状绿脊",建构了极具东方性的"阴阳相生"的咬合结构(图 3-3-3),令整个区域拥有了很强的整体感和城市感。在这里,工业、自然、历史、当下、未来之间的对话,办公、零售、餐饮、文化、体验等功能齐聚,使得工业风满满的硬核综合体为冬奥助力赋能。六工汇项目整体遵照"回归街区再造城市空间活力"的设计理念,指引这片街区乃至整个首钢园区的更新发展从"体育 +"全面进入"城市 +"的崭新阶段。(图 3-3-4、图 3-3-5)

邻里活动带来城市活力

经历了工业和奥运后,城市活力的生发及可持续是区域城市更新的巨大挑战。简·雅各布斯关于城市空间意义的倡导,对当下城市空间活化仍有启发意义。街区有邻里活动的加持,才可能获得长效的空间价值,城市设计也因此做出了以 TND(Traditional Neighborhood Development,即传统邻里开发)模式为基础的空间构型选择,将 TND 的这些设计要素为底层逻辑,梳理出对六工汇街区活力引入的重点工作抓手:公共空间的定义和架构、街区尺度的重构、空间价值的再生。

锚点群落定义公共空间

六工汇项目的六块基地围绕着冬训中心展开，完成了对群明湖以北区域的总体空间织补。项目定位围绕着体育板块的配套与补充，植入了文娱、办公、商业、休闲功能。六块基地形状恰如一个"凹"字，与冬训中心群落形成的"凸"字嵌合在一起，在空间架构上实现了形态组织和功能配置的逻辑同构，也实现了基地从服务小范围专业运动员到服务广大体育爱好者和周边居民的后奥运转变，为空间的使用公平做出了很好的示范。（图3-3-6）

图 3-3-6 指向工业遗迹的空间轴线

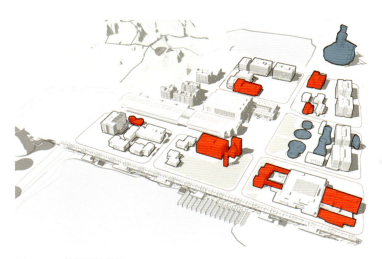

图 3-3-7　保留建构筑物

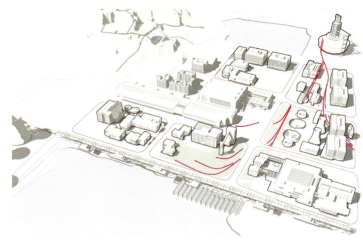

图 3-3-8　保留场地肌理

图 3-3-9　广场和绿脊

基于地纹的遗存空间转义

基地中心区域有一条纵贯南北、植被丰沛的带状开放空间，恰如一条"绿脊"串联了两湖区域。这一带状空间原是厂区工艺流程中的铁路运输通道，出于对基地地纹的尊重，城市设计将这条原始工艺中货、料的流线，转换为人的主要动线，进而形成了串接各种基地主要空间线索的轴线（图3-3-7～图3-3-9）。轴线两侧功能建筑的公共空间均朝向"绿脊"布局，由北向南依次分布了三高炉南广场、五一剧场东广场、加速澄清池西广场、冬训中心东广场、冷却塔西广场、制粉车间亲子广场和九总降广场，最终接临群明湖北岸，形成了"带型广场群落"（图3-3-10～图3-3-17）。"绿脊"作为主轴，辅之以三条东西向视线通廊和两条南北向步行轴线，形成了连接周边空间要素的动脉，这些空间要素中的群

图 3-3-10　三高炉南广场

图 3-3-11　五一剧场东广场

图 3-3-12　加速澄清池西广场

图 3-3-13　冬训中心东广场

图 3-3-14　九总降广场

图 3-3-15　冷却塔西广场

图 3-3-16　群明湖北岸

图 3-3-17　制粉车间亲子广场

落和重要单体都向绿脊打开公共区域，如热分子运动一般，节点内部激发出的城市活力不断突出外溢，与"绿脊"的活动发生共振，再通过轴线和视廊蔓延扩散，交织出丰富的公共活动热力网络。

由"存"变"在"，将历史植入日常

拥有了能激发城市活力的空间"培养皿"，为小街区密路网的规划构想打下了坚实的基础。空间尺度在时代审视下坍缩重构，用车轮和铁轨丈量的工业厂区转变为用脚步丈量的城市街区，创造了对慢行友好的邻里空间。各种不同类型、不同尺度的工业遗存又附着在回归城市邻里尺度的街区当中，成为街区活力的组成部分。工业遗存从专业认知所形成的"存（续）"的意义，拉回到使用者价值认知中"在（场）"的意义。让遗存成为场所本身，而不单是视觉的标签，使之真正参与到城市空间新陈代谢的大循环当中，实现城市空间的价值重塑。（图 3-3-18、图 3-3-19）

图 3-3-18　激发城市活力的空间"培养皿"

图 3-3-19　慢行友好的邻里商业空间

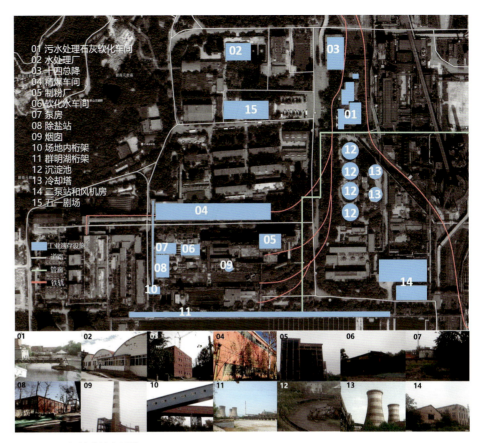

图 3-3-21　场地内遗存设施

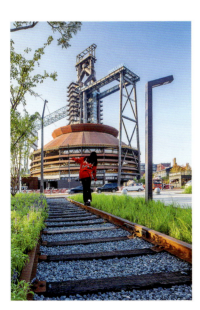

图 3-3-20　留存下来的特色场地肌理

"一遗一策"的更新技术路径

基地中包含了五一剧场、十四总降、加速澄清池、二泵站、7000 风机房、制粉车间转运站、沉淀池（4 个）、冷却塔（2 个）、洗涤塔、九总降、水质二期水泵房等大量的工业遗存建构筑物。这些遗存的结构形式、保存状态、空间位置各不相同，所以遗存保护利用设计采用了"一遗一策"的总体方案。适配遗存单体自身特性及其在街区中的空间职责，以差异化的"量体裁衣"的思路，力争每座遗存都能找到最恰当的更新策略，从而达成"保护"与"更新"之间的微妙平衡。（图 3-3-20、图 3-3-21）

低成本可持续的内聚核心式景观

基于首钢的变迁史折射出首都工业发展的轨迹、见证了百年来中国工业发展与进步的历程的思考，场地内的园林设计聚焦于：

a) 保护首钢工业遗址风貌，修复受损生态环境，实现工业遗产资源的再利用；

b) 挖掘场地历史记忆，考虑社会与经济效益，注入新的业态与活力，实现工业废弃地的景观更新。

场地景观设计主要围绕绿色基础设施建设，实现低成本维护，达到可持续发展；采用内聚核心式布局，实现雨水的自然蓄积、自然渗透、自然净化、服务景观功能；注重科普展示生态修复理念，探索生态与后工业结合发展思路。景观设计结合新首钢的上位规划布局，围绕"多轴多节点"思路展开整体规划布局，实现景观与建筑相契合，呈现园区空间结构最完美的效果。其中，通过轴线引导空间布局，多轴包括视线轴、开放空间轴、商业轴和高线滨水轴。此外，规划中的两大生态绿轴贯穿项目中，其中南北向绿轴上的代征绿地，成为景观展开的突破口，奠定了项目的景观结构。（图 3-3-22）

项目中含有多处特色工业遗存，具有较高的历史风貌保留价值。设计团队从空间结构、场地功能、建筑风格、景观形态、场所记忆等多个维度进行剖析，挖掘和重塑大工业时代的印记，并使之成为文化与艺术的核心，同时结合项目的定位打造多功能创意产业园区空间。梳理历史肌理与重塑功能有机融合，在赋予城市场所新功能的同时讲述着历史的故事。（图 3-3-23）

图 3-3-22　工业风的遗存钢架步行桥

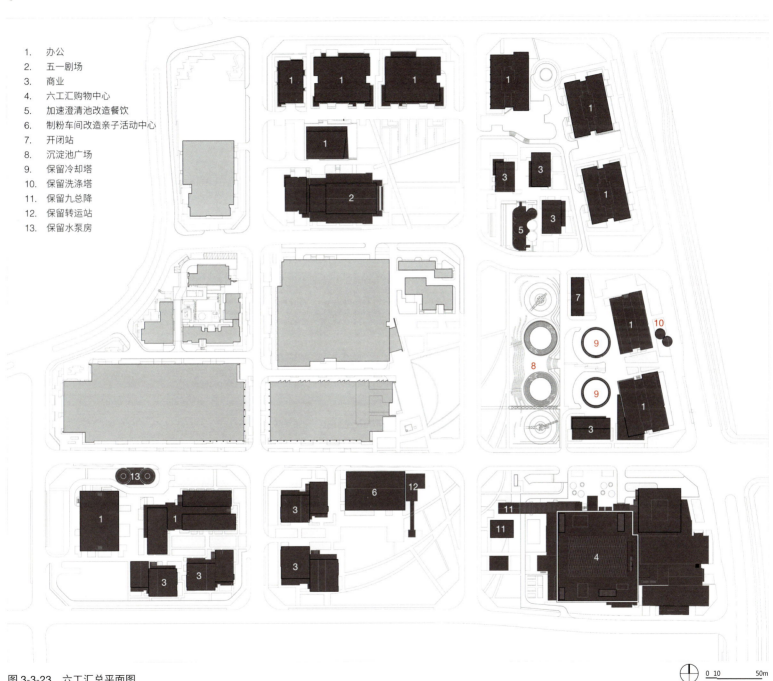

1. 办公
2. 五一剧场
3. 商业
4. 六工汇购物中心
5. 加速澄清池改造餐饮
6. 制粉车间改造亲子活动中心
7. 开闭站
8. 沉淀池广场
9. 保留冷却塔
10. 保留洗涤塔
11. 保留九总降
12. 保留转运站
13. 保留水泵房

图 3-3-23 六工汇总平面图

0 10   50m

东向西看六工汇与冬训中心及石景山的对话

从远处遥望六工汇

俯瞰六工汇（左）
俯瞰十四总降、加速澄清池、冷却塔沉淀池及远处的新首钢大桥（右）

图 3-3-24　购物中心新旧织补的更新策略

2) 六工汇购物中心的新旧融合

整个六工汇中最具代表性的六工汇购物中心坐落于滨水轴与商业轴交点位置，它作为六工汇的要冲地块，总建筑面积约 6.2 万 m²。地块内工业建构筑物包括 7000 风机房、第二泵站、九总降等，设计在对以上建筑进行保留、保护、改造的基础上，织补新建建筑并辅以多层次景观设计。（图 3-3-24）

空间拓扑，留存历史肌理

整个场地的原始肌理基本由 7000 风机房、二泵站组团与九总降组团两个东西院落构成，中央空间作为主要通道，贯彻地块南北。设计保留场地最原始的肌理，在东区围绕二泵站及风机房院落打造商业中心东侧主入口与东区核心中庭，在中部新建庭院塑造商业中心的活力核心，同时开放北入口串接北侧地块，在西侧则保留部分九总降建筑，并结合原院落图底关系，改造成新商业中心独特的运动主题庭院。（图 3-3-25）

修旧如旧，历史细节重生

二泵站、7000 风机房及九总降分别采用了构件加固、嵌固加固及风貌留存的处理方法（图 3-3-26、图 3-3-27）。

图 3-3-25　购物中心北广场

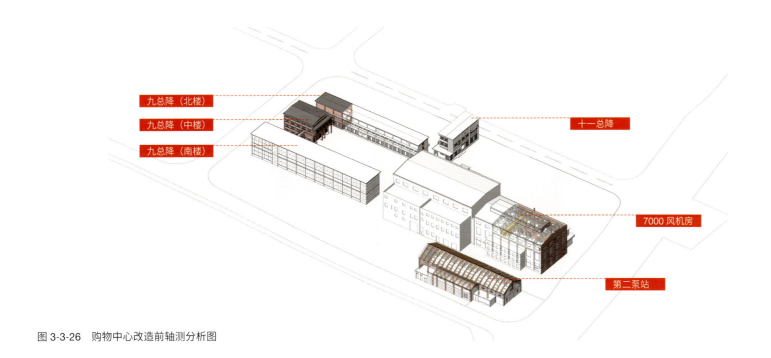

九总降（北楼）

九总降（中楼）

九总降（南楼）

十一总降

7000 风机房

第二泵站

图 3-3-26 购物中心改造前轴测分析图

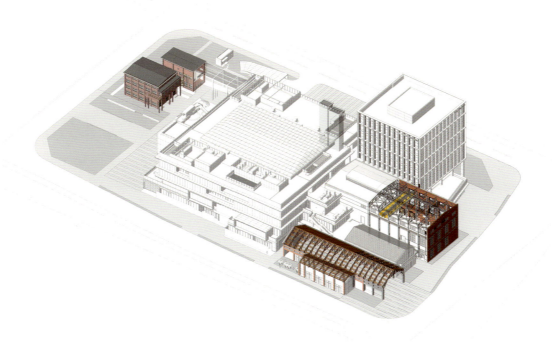

图 3-3-27 购物中心改造后轴测分析图

a) 二泵站始建设于日据时期 1943 年，是首钢园区内保存历史最悠久的工业遗存之一，木屋架是其最大的特色（图3-3-28）。根据中冶提供的《首钢第二泵站结构安全与抗震鉴定报告》（TC-GJ1-I—2017-281），木屋架未见明显变形、裂缝、腐朽、虫蛀等现象，外观质量良好，但缺少下弦拉杆。砌体围护结构未见明显损伤。混凝土保护层的碳化深度较深，绝大部分都已超过了保护层厚度，钢筋锈蚀概率较大。地表散水和地面以上结构构件无明显不均匀沉降导致的开裂、变形、倾斜等现象，地基基础的承载力尚好，地基变形已基本稳定。结构构件未有明显变形、倾斜或歪扭现象，无严重静载缺陷。抗震构造措施不满足现行国家标准的要求。此外，主体结构顶点位移严重超过规范所允许的最大限值。排架柱计算配筋率、木屋架应力比不满足现行规范的要求。综合来说，二泵房结构鉴定单元的安全性鉴定评级为 Dsu 级，抗震鉴定评级为 Dse 级。因此结构综合安全性等级为 Deu 级。房屋结构安全性严重不符合现行国家标准的安全性要求，已经严重影响整体安全。建筑抗震能力整体严重不符合现行国家和地方标准的要求，在后续年限内严重影响结构整体安全性能或严重影响整体抗震性能。

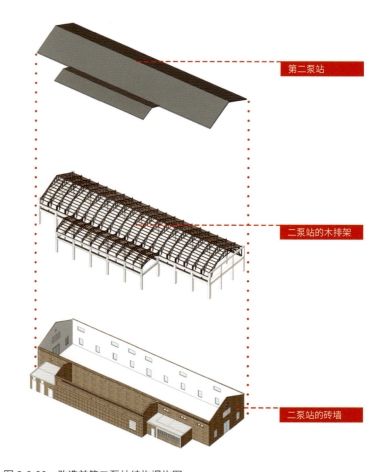

第二泵站

二泵站的木排架

二泵站的砖墙

图 3-3-28 改造前第二泵站结构爆炸图

图 3-3-29 从外向内看二泵站木构屋架

图 3-3-30 从内向外看二泵站木构屋架

更新的技术路径采取了尽力保留和展现二泵站结构空间美学特征的方向。结合现场实际情况，综合考虑建筑需求、工期、造价等诸多因素，对主体结构的排架柱采取混凝土套加固，下柱四边外包，上柱内侧因屋架遮挡三边外包，同时解决倾斜过大及混凝土强度等级不足的问题，并根据承载力及构造要求配置钢筋；对钢筋混凝土梁采取外包混凝土层进行加固，下层梁四边外包（屋架支座处局部特殊处理），上层梁因受力较小且为方便施工，采取三边外包的方式，解决混凝土强度等级不足的问题，并根据承载力及构造要求配置钢筋；因年代久远原始图纸遗失，因此基础加固采用外包混凝土以形成刚性基础的方式，不再考虑原有基础钢筋的作用；对于现有木屋架构件的木材内部腐朽、蛀空等情况，若表层的完好厚度不小于 50 mm，则采用高分子材料灌浆加固；当木构件严重腐朽、虫蛀或开裂，而不能采用修补、加固方法处理时，则更换新构件；承重构件的修复或更换优先采用与原构件相同的树种木材[2]。改造修复后的木构屋架，其结构序列形式被原汁原味地呈现出来，很好地起到了基地入口的引导作用，形成了各种节日庆典时最富有吸引力的打卡空间节点（图 3-3-29、图 3-3-30）。构筑物的保留和重建与外立面的精心打造，都为新商业中心充实了"历史细节"。（图 3-3-31~ 图 3-3-34）

② 当采用原构件相同的树种木材确有困难时，可依据《木结构设计标准》选取强度等级不低于原构件的木材代替。使用前应经过干燥处理，控制含水率不超过 20%。

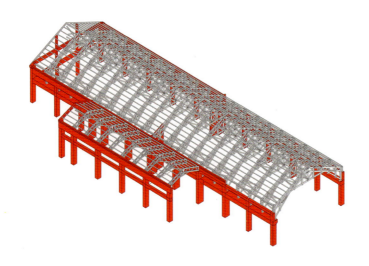

图 3-3-31　混凝土梁柱增大截面加固

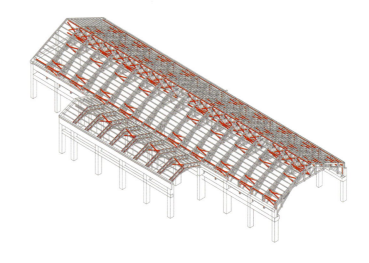

图 3-3-32　木构屋架增加水平连系杆支撑、增加杆件截面

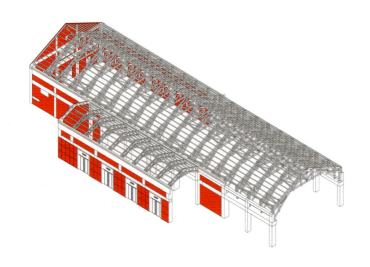

图 3-3-33　修复墙体及灌浆加固

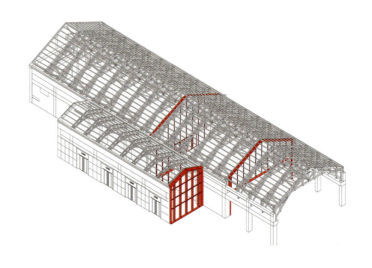

图 3-3-34　玻璃幕墙金属屋架 + 耐候涂装

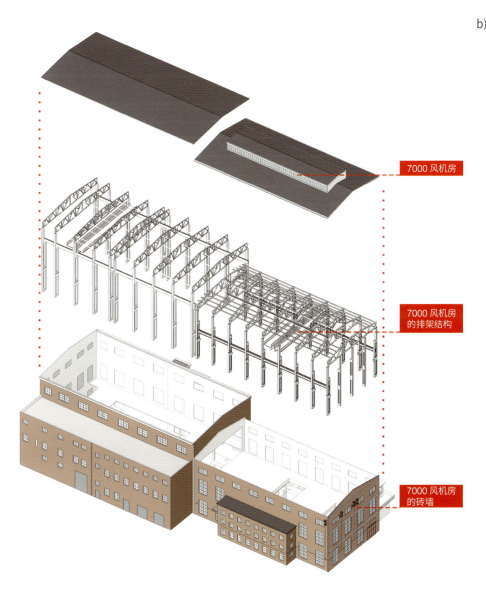

7000 风机房

7000 风机房
的排架结构

7000 风机房
的砖墙

图 3-3-35　改造前 7000 风机房结构爆炸图

b) 7000 风机房始建于 1977 年，原为高炉提供冷风所用，主体结构形式为框排架结构，采用钢筋混凝土柱 + 钢屋架体系（图 3-3-35）。内部有多个混凝土设备平台和夹层，分多次改扩建而成。根据中冶提供的《首钢 7000 风机房结构安全与抗震鉴定报告》（TC-GJ1-I—2017-282），原风机房已停止使用多年，多处混凝土梁、柱破损、露筋、钢筋锈蚀，多处钢屋架杆件锈蚀，部分上弦系杆弯曲，少量屋面板板肋开裂，有水迹。部分围护墙开裂，局部墙体阴湿，涂层有起皮脱落现象。除了部分钢屋架应力比超限外，其余框架柱、框架梁以及排架结构的抗震承载能力均符合规范要求，最终安全性鉴定评级为 Csu 级，抗震鉴定评级为 Cse 级，因此该房屋结构综合安全性等级为 Ceu 级，在后续年限内显著影响整体抗震性能。7000 风机房采用了内测叠合新结构柱加固的策略，保留变形缝东侧部分，新增的柱基础和原有基础做成整体，共同受力；屋顶屋架修缮加固，屋面拆除换新，改用轻型金属屋面，相应设置檩条、拉条、撑杆，形成完整的屋面体系，针对屋顶开裂变形明显的女儿墙拆除后原样复建，其他女儿墙和挑檐板通过和屋架拉接的方式进行加固处理，以保证其起身的稳定性，防止倾覆掉落。主空间内侧叠合新结构柱加固修缮，并保持了原外立面风貌和内部抗风柱及天车梁等构件，同时对破损严重的和已经被拆除的柱间支撑进行原位重建，并根据建筑后续使用需要，适当调整了支撑的形式。外窗采用原样复建的方式，结合钢窗原型修复为装饰性窗，而内窗则采用大块保温玻璃以最大限度保留原厂房外窗的视觉效果。

北立面的两个巨大混凝土筒也是复建了原 7000 风机房的消声器，成为新商场的电梯井（图 3-3-36）。其他诸如风机房外立面的风帽、钢铁大门和混凝土门套等的原位保留也同样带着自己的历史故事成为新商场的一部分，整体很好地兼顾保持了原外立面风貌和内部抗风柱及天车梁等构建，营造了令人印象深刻的硬核工业风空间。改造后承担项目主入口与东侧中庭的角色，主要用于商业展示销售活动。（图 3-3-37、图 3-3-38）

图 3-3-36 保留改造的消声器

图 3-3-37 外立面上的风帽

图 3-3-38　改造后的 7000 风机房东侧中庭

c) 九总降全称为"二高炉110kV总降系统"，共包含北楼（35kV/6kV配电装置室）、中楼（主控室）和南楼（110kV配电装置室）三栋历史建筑。根据中冶提供的安全性及抗震鉴定报告（编号分别为TC-JG1-I—2018-049、TC-JG1-I—2018-050、TC-GJ1-I—2018-052），北楼和中楼的综合安全性等级为Beu级，而南楼的安全性鉴定评级为Dsu级，因此设计原汁原味保留了中楼和北楼，南楼因构造强度问题拆除，以地景遗址的方式锚定了历史记忆。在风机房和九总降之间植入的新建购物中心有机缝合了周边的三组历史遗存，成就了新旧融合的更新典范。（图3-3-39、图3-3-40）

图 3-3-39　九总降广场夜景

三重院落，业态赋新注能

六工汇的整体定位为"以 Z 世代、家庭、首钢园产业客户为核心客群的新业态城市更新综合体"，而其中购物中心的定位为"FAMILY MALL"，主要业态既能满足园区基本配套需求，又具备家庭亲子运动娱乐休闲等功能。同时，作为首钢工业记忆的在地体验发生的场所之一，通过引入"新能源＋商业"的理念，打造智慧化、数字化未来生活体验空间。整个购物中心由东至西可以简化勾勒为三个院子，它们依次串起了整条商业动线。7000风机房与二泵站组团院、新建的商业核心中庭院，以及九总降的拓扑院，分别代表了历史、当下与未来（图3-3-41）。

图 3-3-40　六工汇购物广场北入口夜景

图 3-3-41　历史、当下与未来三重院落

六工汇购物中心及办公楼北侧夜景

六工汇购物中心东立面夜景

新旧回响，助力北京冬奥

站在群明湖南岸向北眺望，最先感受到的是由高炉、烟囱组成深色纵向工业图景；而六工汇购物中心则以横向轻盈的肌理、材质与色彩穿插其中，与工业背景里纵向元素的深色基调形成相得益彰的对话关系。在与周边建筑尺度和天际线高度需求匹配的基础上，地块东北侧设置的办公楼成为整个项目沿群明湖大街南北视廊的重要起点；在其与东侧四高炉、北侧三座高炉和石景山遥相呼应、互为抵角之势的同时，也展现了新旧对话间强烈的力量美。

3) 五一剧场的"以柔代刚"结构加固

五一剧场位于首钢北区秀池南侧，始建于 1975 年，建筑坐西向东、背靠石景山，不仅是首钢职工的文化活动场所，也是和厂外各界交流友谊的地方，可以说是首钢广大职工的精神堡垒。原剧场建筑平面尺寸为 67 m×45 m，由前厅、观众厅、舞台和周围辅助用房组成。前厅为两层，其他区域为一层。原结构采用钢筋混凝土排架及砖墙混合承重体系，屋面采用钢（混凝土）桁架 + 预制大型屋面板。（图 3-3-42）基于上述独特的历史文化价值，五一剧场的更新改造设计须要尽量保护老建筑高大空间的风貌特征，但同时也要在荷载、专业设备、成本控制等多重限制条件下，为未来嵌入新的复合型黑匣子小剧场功能提供尽可能大的可能性，以实现加固改造方案的最优组合。

图 3-3-42　五一剧场改造前

结构鉴定与设计方案

依据中冶提供的《首钢五一剧场结构安全与抗震鉴定报告》（TC-BJ-I—2018-027），原建筑多处墙体渗水，少数墙体开裂。屋面板漏水露筋，钢屋架锈蚀，混凝土屋架局部腹杆开裂。地基基础承载力较好，变形已基本稳定。舞台口大梁上方横墙未设置构造柱，承托屋架的钢筋混凝土柱构造和屋架支撑布置不满足要求。特别是砂浆实际强度等级仅为 M1，抗震能力远低于现行规范要求，因此综合安全性等级为 Deu 级。综合以上，设计方案选择了保留东侧主立面的原风貌，只进行最低介入度的消隐和构件更新。其改扩建工程包括原有建筑拆改和西侧新建两部分。剧场的内部采用局部剪力墙和附加喷射混凝土内衬墙体的加固方式，核心目的是维持外部的风貌特征，解决其高大空间的抗震和稳定问题，并在尽可能地减少对内部空间的侵占前提下，加强遗存的整体刚度。剧场西侧对空间局促的后台部分进行了拆除和扩建，增设了排练空间和配套办公，设计语汇上与保留部分有所区别，又在风貌上保持一致。（图 3-3-43、图 3-3-44）

改造内容与加固方法

结合鉴定检测的结果，并综合考虑建筑需求、工期、造价、现场等诸多因素，对整体结构采用了改变结构体系的方法进行抗震加固设计，在原有结构内部增设钢筋混凝土剪力墙、框架梁柱，保留砌体结构作为维护墙体。对不满足要求的梁柱采用增大截面法和粘钢、碳纤维法进行加固处理。考虑到原有屋面的破损情况和加固可能付出的代价，以及改造后对吊挂荷载的要求，决定拆除原有舞台屋面的混凝土桁架和观众厅屋面的钢桁架及大型屋面板，按照后续使用功能的要求进行重建。其中舞台屋面改为平屋顶，采用钢梁+混凝土板的组合。观众厅屋面采用平面钢桁架+轻钢屋面板，上下弦为工字钢，腹杆及支撑采用双角钢。对于保留的砖砌体墙，根据其所在位置和结构承载力的需要，部分采用内侧增设剪力墙 和单侧增设梁柱 +60 mm 喷射混凝土的加固方式。为加强基础的整体性，新增的基础采用钢筋混凝土扩展基础。其中，辅助用房下方采用柱下独立+条形基础，在原有基础顶面重新设置扩展基础。舞台和观众厅四周墙体下方采用钢筋混凝土条形基础，在墙体两侧设置基础梁，并穿过原有砌体墙。在梁底标高以下到原有基底范围内采用 C20 素混凝土填充。因常规机械打桩施工设备无法进入室内，所以舞台和观众厅周边的框架柱下采用人工挖孔桩和基础梁的方法，同时承担原有和新增框架柱的底部反力。（图3-3-45）

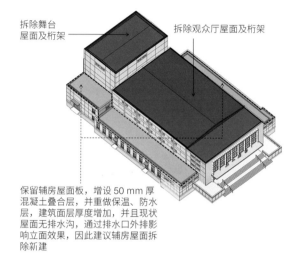

拆除舞台屋面及桁架

拆除观众厅屋面及桁架

保留辅房屋面板，增设 50 mm 厚混凝土叠合层，并重做保温、防水层，建筑面层厚度增加，并且现状屋面无排水沟，通过排水口外排影响立面效果，因此建议辅房屋面拆除新建

图 3-3-43 五一剧场屋面改造区域

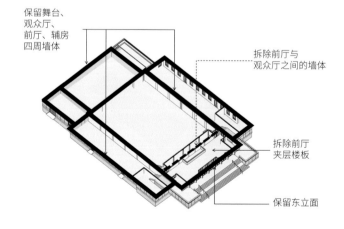

保留舞台、观众厅、前厅、辅房四周墙体

拆除前厅与观众厅之间的墙体

拆除前厅夹层楼板

保留东立面

图 3-3-44 五一剧场墙体与楼板改造区域

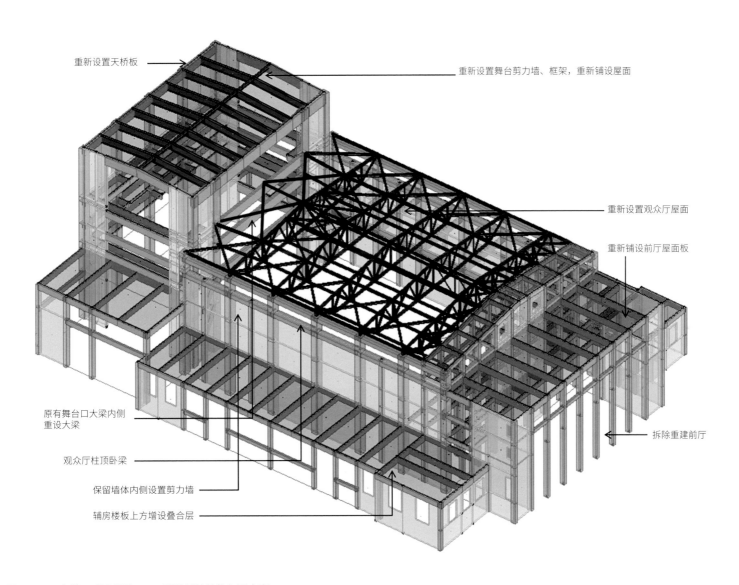

重新设置天桥板

重新设置舞台剪力墙、框架，重新铺设屋面

重新设置观众厅屋面

重新铺设前厅屋面板

拆除重建前厅

原有舞台口大梁内侧重设大梁

观众厅柱顶卧梁

保留墙体内侧设置剪力墙

辅房楼板上方增设叠合层

图 3-3-45　加法 - 以柔代刚，五一剧场最终结构加固方案

加法 - 以柔代刚的策略总结

从结构角度来说，五一剧场改造前最大的问题是抗震性能不足。加固的主要策略是加强竖向构件的抗震能力，即加固原有承重砖墙和柱子，并增加一些剪力墙，整体上加大了结构的抗侧刚度。舞台的屋面桁架和屋面板都改造成了钢结构，减轻了结构的重量，对抗震更为有利。观众厅的改造中屋架依旧采用钢结构，屋面板则采用了轻型金属材料。经过整体改造后，五一剧场的结构刚度下降，比原来要"柔"了，从而能够满足新的建筑抗震要求，这种"以柔代刚"的策略也为后续项目的实践提供了一种崭新的思路。（图3-3-46、图3-3-47）

图 3-3-46　五一剧场改造前后对比之东立面　　　　图 3-3-47　五一剧场改造前后对比之南立面

4) 加速澄清池的综合加固

加速澄清池位于五一剧场东侧，始建于 1975 年，由 3 座机械加速澄清池和外部 2 座附属旧水池组成；根据建筑所在的六工汇项目整体设计，此处将改造为商业餐饮区。现场踏勘时附属水池的内壁混凝土表面杂草丛生，侧壁已开裂，护栏和钢梯均锈蚀严重，已基本丧失使用功能。因此选择 3 座机械加速澄清池作为后续改造的重点。澄清池主体为单层框架砖混结构体系，高 7.32 m，内部是 3 个南北并置的混凝土大漏斗，梁下的通行空间只有 2.35 m 左右。倒悬的混凝土漏斗产生了富有吸引力的空间戏剧性，因此设计方案力求在"原始空间张力"和"商业适配内容"间寻求平衡点。

根据中冶提供的《首钢热力车间（加速澄清池）可靠性鉴定报告》（TC-BJ-I—2018-029），该结构单元的可靠性鉴定评级为三级，澄清池内部柱、梁的混凝土强度、池壁及池底构造配筋基本符合当时现行的国家标准要求，但其上部承重结构的安全性为 B 级，使用性为 C 级，整体抗震承载力不满足现行规范的要求。综合判定后建议采取加固修复及耐久性防护处理，以适应后续的使用。

建筑与结构团队自概念方案阶段便开始"无缝协作"，共同制定加固方案，综合考虑澄清池原本低矮的空间结构特色，以及其各部分强度不一的基础条件，采用了"梁柱＋局部钢筋混凝土剪力墙"的综合加固措施，拆除了局部墙体和内部的部分混凝土构件，在顶部连桥、内部梁柱、水池底部和下部环梁处均做粘钢加固，并在东侧顶部新增钢筋混

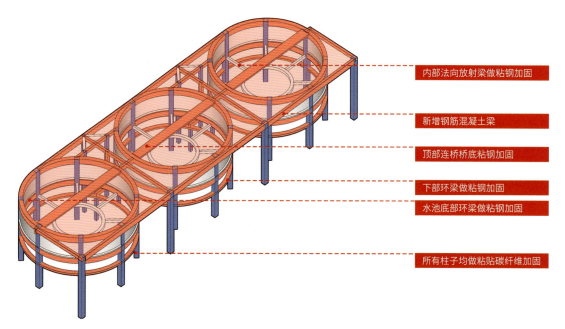

内部法向放射梁做粘钢加固

新增钢筋混凝土梁

顶部连桥桥底粘钢加固

下部环梁做粘钢加固

水池底部环梁做粘钢加固

所有柱子均做粘贴碳纤维加固

图 3-3-48　加速澄清池的"综合加固"策略汇总

凝土梁，以提升整体抗震性。针对主体的改造最大限度地保留了固有的工业空间感染力，并整理出可供后续使用的空间尺度。外侧原附属水池修复处理后作为保留的景观构筑物，并在其北侧新建一处陶土砖圆筒体量，作为辅助用房。（图 3-3-48）

加速澄清池的加固过程并不是一套方案走到底的，而是在反复计算和平衡过程中，综合统筹了各部件的情况，通过对每一堵墙、每一道梁、每一处构件的拆留和加固手段的多重综合利用，确保建成后的最终效果在空间审美和功能使用上都令人满意，以实现风貌的控制和历史文化价值的传承。目前，加速澄清池吸引了某高端日料品牌入驻并开业，这座散发着工业古典韵味的商业小建筑也成为首钢六工汇中一道亮丽的风景线。（图 3-3-49）

图 3-3-49　改造后的加速澄清池

5) 其他更新改造

十四总降独栋办公

十四总降是紧邻基地北侧三高炉博物馆的保护性建筑，原为 7000 风机房的 110kV 变电站。在空间质感上，起到了衔接其南北两个重要文化地标——三高炉和五一剧场的作用。此外，东西两侧新建的办公群落也以十四总降为衔接点。根据中冶提供的《首钢十四总降（编号 3）安全性与抗震鉴定报告》（TC-GJ1-I—2018-048），十四总降的综合安全性等级为 Beu 级，所以对十四总降的更新改造，也围绕着建筑在空间中的意义来制定策略，最终采用了"嵌固叠合"的遗存处理策略。一方面，维护好历史空间质感的连续性，保留了原建筑东立面及北立面的墙体。另一方面，内嵌新结构对其进行了"叠合"的扩建设计，将东西两侧高度拉平，建筑语汇与周边新建建筑相一致。（图 3-3-50）

图 3-3-50 视线轴两侧的办公楼

沉淀池广场公园

原沉淀池和冷却塔始建于 1978 年，现场遗存高差明显，景观设计团队进行了多层次的功能拆解与重构，结合生态理念和保护工业遗存为场地背景，核心定位为聚集人气，举办大型活动的具有记忆感和体验感的空间。原场地的 4 个沉淀池是直径约 30 m 的下沉空间，根据其核心的定位，设计将中间 2 个沉淀池改造为可提供活动和休憩的下沉开放广场，彩色铺装与绿植相结合的台阶可成为露天观众席或供游人休息；两端沉淀池略作改建，成为收纳雨水径流的下凹绿地，保留刮泥器工业遗存符号形成"定格的时钟"意向。4 座沉淀池将商业空间与冬训中心地块交通分隔，因此增设步行桥作为交通连线。工业遗存风格的钢架步行桥保持了历史风貌延续性，以流线型带状台地丰富高差边界，同时为公众提供剧场看台及休息设施。（图 3-3-51）

图 3-3-51 由冷却塔沉淀池改建的运动休闲公园

3.3.3 设计过程

1) 六工汇购物中心室内设计

购物中心是六工汇场地内的商业核心，也是人流汇集，充满活力与商业氛围的地块。所以建筑周边以商业氛围的景观为主，结合商场内庭，形成联动的开放空间（图3-3-52）。六工汇购物中心设计团队依托工业遗存和冬奥运动主题，定位"创建跨界产业总部社群，打造新型微度假式的生活方式"，致力打造汇聚低密度的现代创意办公空间、复合式商业、多功能活动中心和绿色公共空间的新型城市综合体（图3-3-53、图3-3-54）。购物中心北广场以人流通行和 集散为主要功能，留以足够的开敞空间。广场放置艺术雕塑，作为标志点和视线集中点。同时设计线性铺装，有行进路线引导的功能。其东侧设计圆形种植池，延续相邻地块——冷却塔和沉淀池的圆形肌理，结合乔木打造室外短暂停留空间；西南角开敞空间为树阵广场，设置长条水泥座椅，和草 本灌木与花结合，营造自然舒适的休憩空间；东南侧广场 以开敞为主，便于通行和集散。入口南侧放置六工汇图标，增加外部标识性。入口北侧绿地前设置长条混凝土座椅，便于行人休憩。

建成后的六工汇成为一个汇聚低密度的现代创意办公空间（图3-3-55）、复合式商业、多功能活动中心和绿色办公空

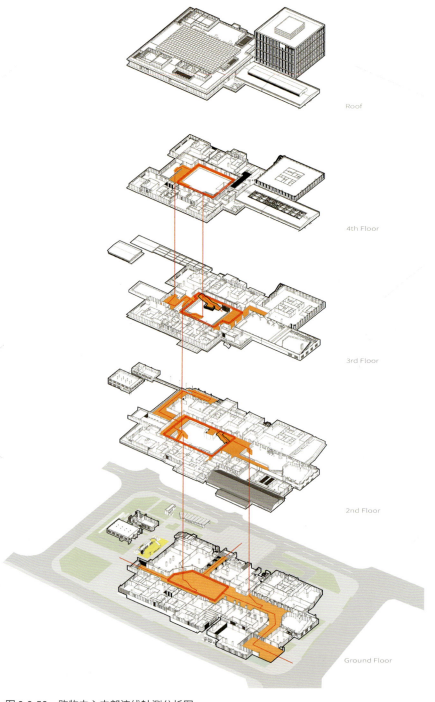

Roof

4th Floor

3rd Floor

2nd Floor

Ground Floor

图 3-3-52　购物中心内部流线轴测分析图

176

图 3-3-53　开放式共享空间　　　　图 3-3-54　光影变化的室内空间　　　　图 3-3-55　现代办公塔楼

间的新型城市综合体，将以国际化视野打造北京科技创新、文体创意和独特生活方式的新名片。

内部空间上，在确定"工业"与"自然"相融合风格的前提下，室内团队提取四个关键词作为开启设计构想的钥匙，即建筑线性、繁灯霁华、钢花飞溅与薪火相传。提炼六工汇建筑造型与硬朗的线条，在室内空间中着重突出体块感和自然光线的表现。大堂采用"悬浮"的设计理念，其灵感源自夜晚秀池畔宛如花灯形象的"三高炉"，同时花灯也寓意万家灯火和平安如意。炼钢炉中钢花四溅的瞬间，凝结着劳动者的奋斗精神，通过条形金属构件与圆形灯饰的造型对钢铁年代加以追溯致敬。通过水泥灰色调、时光隧道等设计手法呼应首钢园作为工业遗址的历史记忆。另外，室内还分布着不同形态的半通透盒子，作为零售、餐饮、休闲空间灵活使用（图 3-3-56）；室内共有两处天阶的设计，其中从二层直达四层的天阶，左侧为通行动线，右侧为休闲共享空间；位于南侧的天阶，连接 3 到 4 层的通行动线，用 LED 屏作为踏步的立面，采用声、光、电的交互设计（图 3-3-57）。

开放式天阶共享空间将室外建筑材料引入室内，保留原始的混凝土踏步、红砖与木作地面之间材料与尺度的对比，运用形体构成的语汇，在细部收口上增加形体的空间美感。中庭地面布局增加"岛"的概念，休闲水吧、周末集市、共享活动均可放置于此。

图 3-3-56 购物中心室内

图 3-3-57　LED 屏踏步

这种非限定性的集聚性公共空间为 艺术展览、小型演出、学术讲座等活动提供更多可能性（图 3-3-58~ 图 3-3-60）。除此之外，购物中心叙事般的三重院 落分析如下：

a) 历史院

站在晾水池东路街角，最引人注目的莫过于由二泵站独特的木桁架所构成的购物中心主入口空间，而第二泵站本身却不仅仅只是入口，他褪去工业的功能后完整保留的独特室内空间未来将作为精品餐饮带给人全新的体验，而其南侧面向群明湖侧的辅房，设计将外墙做局部通透与开放处理，为未来餐饮带来更多面向湖景的视野与享受外摆的可能。

经过二泵站与 7000 风机房间新建的过渡空间，7000 风机房高大而颇具历史感的中庭空间整个进入视野，厂房特有的排架结构，钢屋架、天车等元素，近 24 m 的室内高度，让人一下能体验到整个风机房的历史与大尺度下的震撼；（图 3-3-61）而厂房中嵌套的玻璃盒子，未来将作为京西首家蔚来旗舰店。7000 风机房之中，科技与历史的碰撞，相信将会产生有趣的反应。自 7000 风机房中庭往西，经过一个 4 m 净高的过渡空间，便到达新商业的核心中庭（图 3-3-62）。两个高耸且各具特色的中庭之间经过一个低矮的空间衔接，带给人一种时空穿越的错觉。

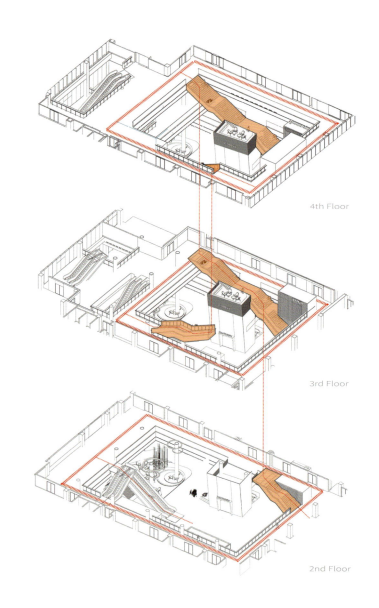

图 3-3-58　中庭天阶

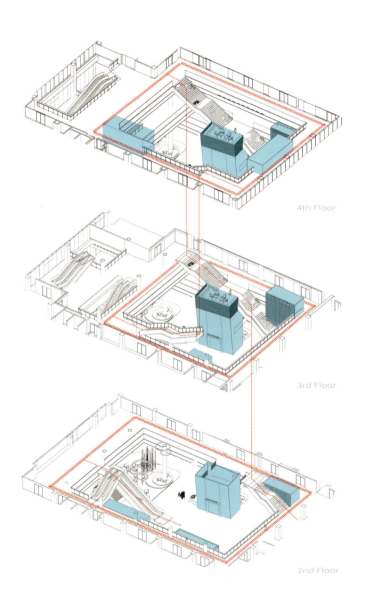

图 3-3-59 中庭趣盒

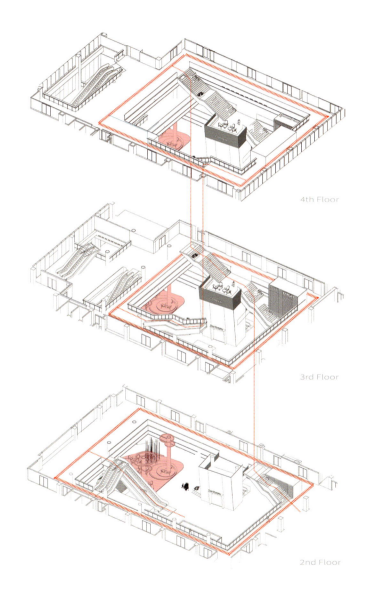

图 3-3-60 中庭休闲岛

图 3-3-61　7000 风机房内保留的钢屋架

图 3-3-62　7000 风机房内保留的黄色天车

图 3-3-63　购物中心内部总览

b) 当下院

　　新商业核心中庭从设计初便期望强化商业的社交与体验属性。商场应该不单单是满足商品销售的场所，更多的应该成为生活理念的输出平台和生活体验的试验场，相较传统商场的集约布置，围绕核心中庭设计提供了更多的公共空间与展示平台，衔接各层的大台阶与散落各层的错落平台与商业盒子（图 3-3-63），都将为互动、展示、交流等活动提供可能。未来整个购物中心也将围绕核心中庭布置以体验类、亲子类、运动类等为主的丰富业态，期待其能成为商业与消费者对话的新媒介，孕育生活新理念和输出生活新体验的新空间。横纵交错的中庭天窗也成为空间内一道独特风景，灵感来源于工业建筑钢结构屋顶交错相连的钢构体系，提取原型后将它与现代的玻璃材质融

图 3-3-64　带有共享空间的"天阶"

图 3-3-65　室内大量的休息空间

合。7000 风机房交错钢构的实与新建中庭交错玻璃顶的虚，形成的一组有趣的对比，也给室内带来了丰富的体验。（图 3-3-64、图 3-3-65）

c) 未来院

购物中心西侧入口以北，保留了原九总降的部分建筑及其组团的图底关系，通过二层环廊的强化，打造成购物中心最西侧的未来院。这是项目中最大的一块留白，也为未来留下更多的可能，30 m 见方的院落尺度为商场提供了举办多样户外活动的条件：如运动竞技、儿童乐园、品牌展示等。而二层的围观游廊以及商业朝向此的层层退台设计，也成为内外互动的最佳媒介。

购物中心北侧行人视角

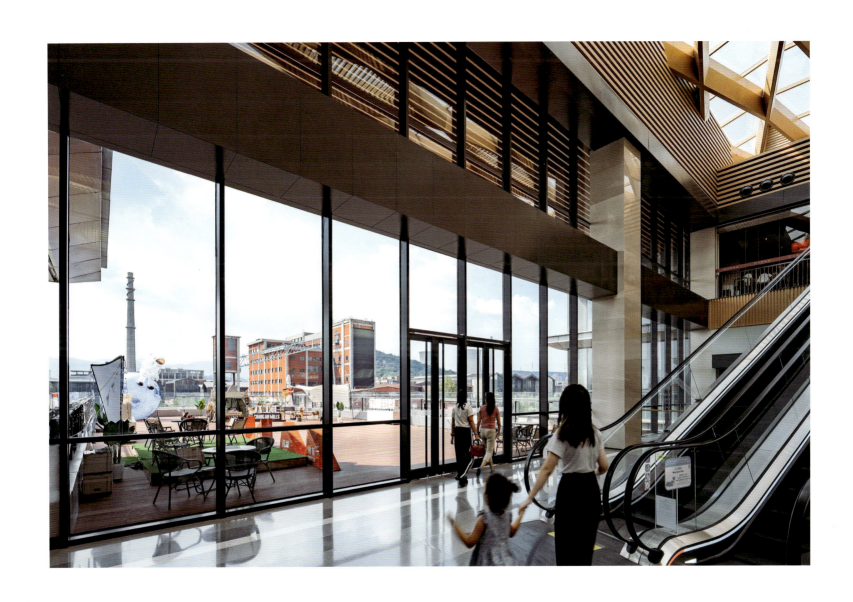

能与室外互动的购物中心平台空间

六工汇购物中心二泵站入口

充满阳光的商业中庭

购物中心当下院中庭 1

购物中心当下院中庭 2

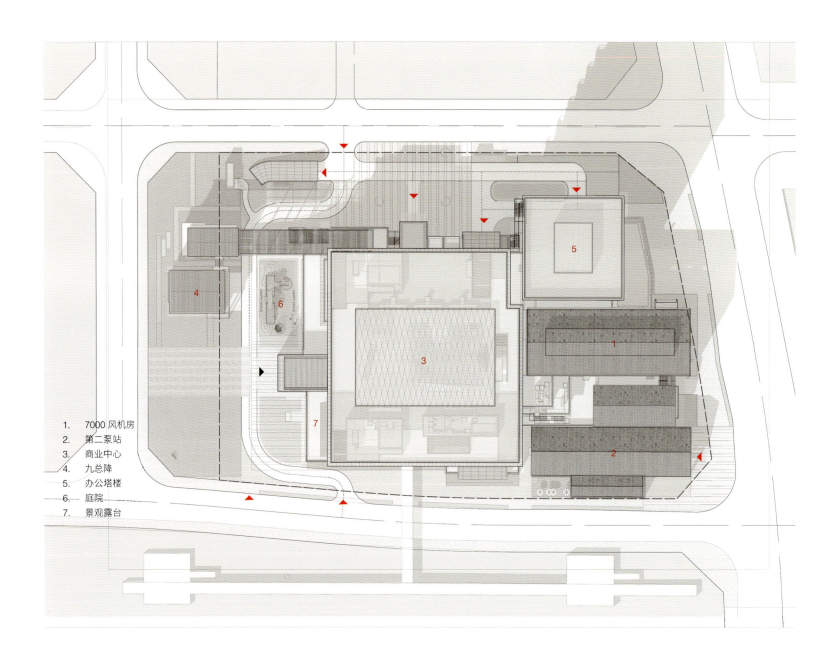

1. 7000 风机房
2. 第二泵站
3. 商业中心
4. 九总降
5. 办公塔楼
6. 庭院
7. 景观露台

六工汇购物中心总平面图

0 10 20m

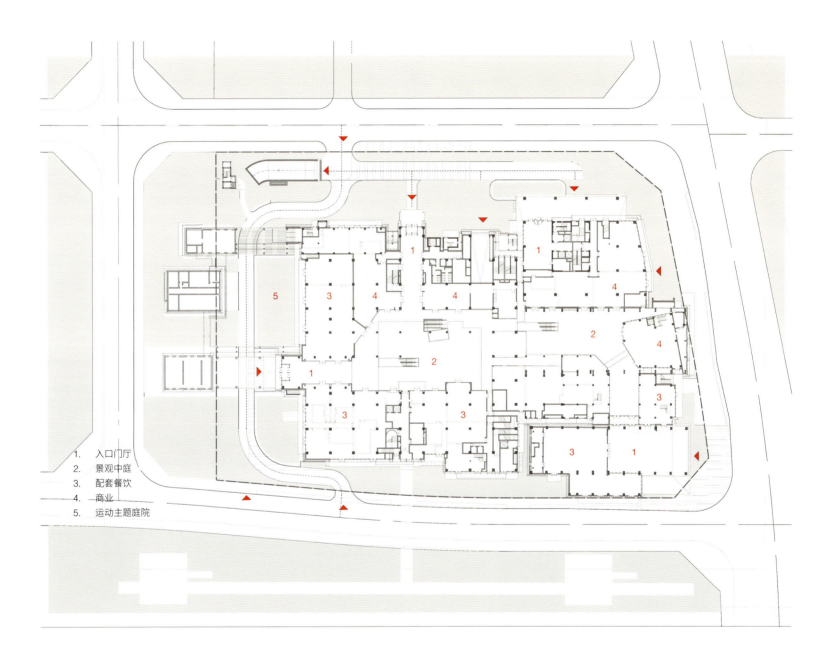

1. 入口门厅
2. 景观中庭
3. 配套餐饮
4. 商业
5. 运动主题庭院

六工汇购物中心一层平面图

0　10　20m

1. 门厅上空
2. 中庭上空
3. 配套餐饮
4. 商业
5. 露台

六工汇购物中心二层平面图

1. 露台
2. 中庭上空
3. 配套餐饮
4. 商业

六工汇购物中心三层平面图

1. 露台
2. 中庭上空
3. 配套餐饮
4. 商业
5. 办公

六工汇购物中心四层平面图

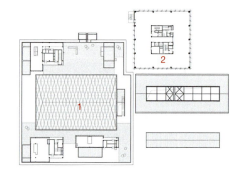

1. 中庭天窗
2. 办公

六工汇购物中心五层平面图

六工汇购物中心东立面图

六工汇购物中心南立面图

1. 商业
2. 商业中庭
3. 餐饮
4. 露台
5. 回廊
6. 地下室

六工汇购物中心剖面图 1

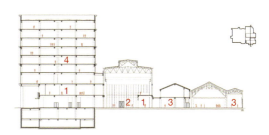

1. 商业
2. 商业中庭
3. 餐饮
4. 办公

六工汇购物中心剖面图 2

购物中心纵剖 1

购物中心纵剖 2

购物中心横剖

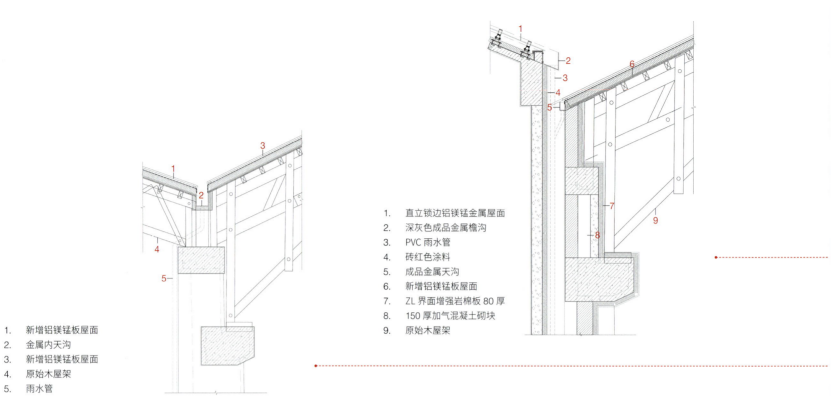

1. 新增铝镁锰板屋面
2. 金属内天沟
3. 新增铝镁锰板屋面
4. 原始木屋架
5. 雨水管

1. 直立锁边铝镁锰金属屋面
2. 深灰色成品金属檐沟
3. PVC 雨水管
4. 砖红色涂料
5. 成品金属天沟
6. 新增铝镁锰板屋面
7. ZL 界面增强岩棉板 80 厚
8. 150 厚加气混凝土砌块
9. 原始木屋架

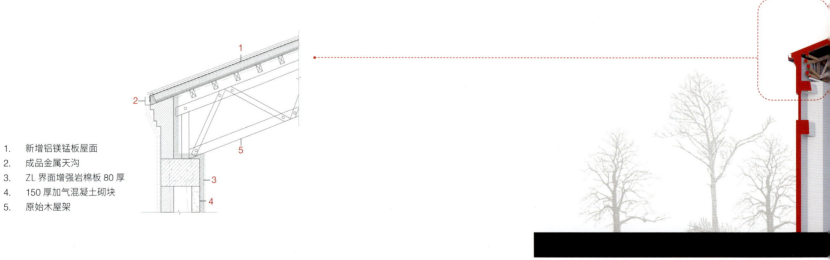

1. 新增铝镁锰板屋面
2. 成品金属天沟
3. ZL 界面增强岩棉板 80 厚
4. 150 厚加气混凝土砌块
5. 原始木屋架

二泵站墙身节点

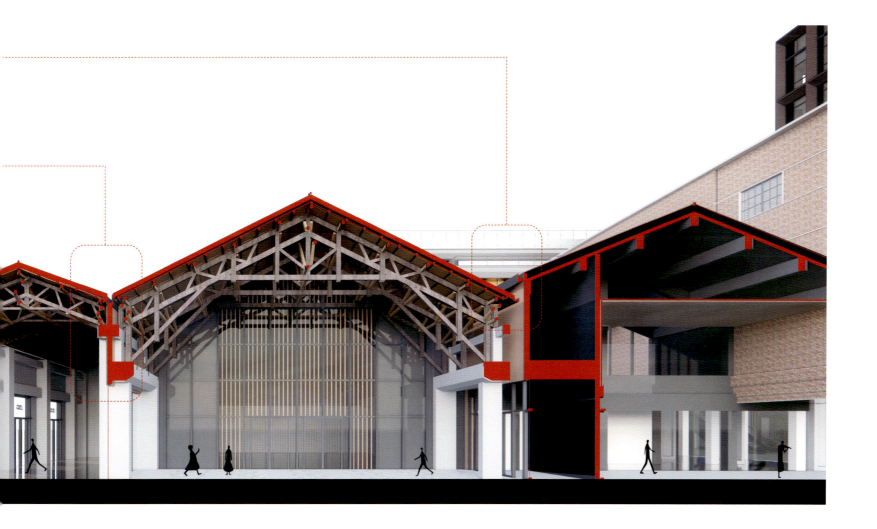

1. 直立锁边铝镁锰金属屋面
2. 深灰色成品金属檐沟
3. 80 厚岩棉内保温
4. 保留现状钢窗
5. 内侧新增窗
6. 红砖墙
7. 80 厚岩棉内保温
8. 深灰色铝板吊顶
9. 80 厚岩棉内保温

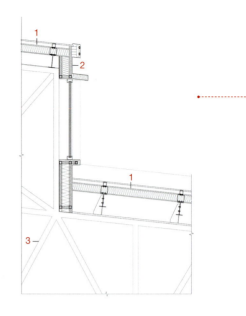

1. 直立锁边铝镁锰金属屋面
2. 深灰色金属铝板
3. 屋面桁架

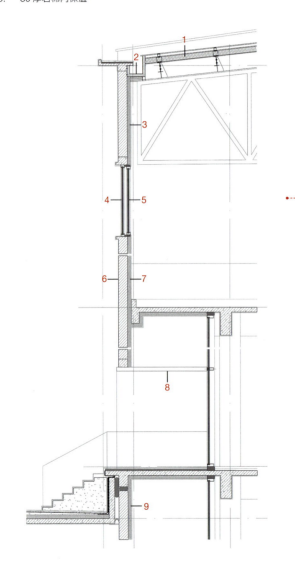

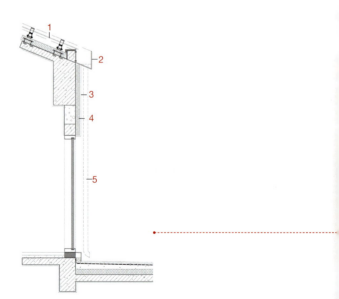

1. 直立锁边铝镁锰金属屋面
2. 深灰色成品金属檐沟
3. 砖红色涂料
4. 80 厚复合岩棉保温板
5. 雨水管

7000 风机房墙身节点

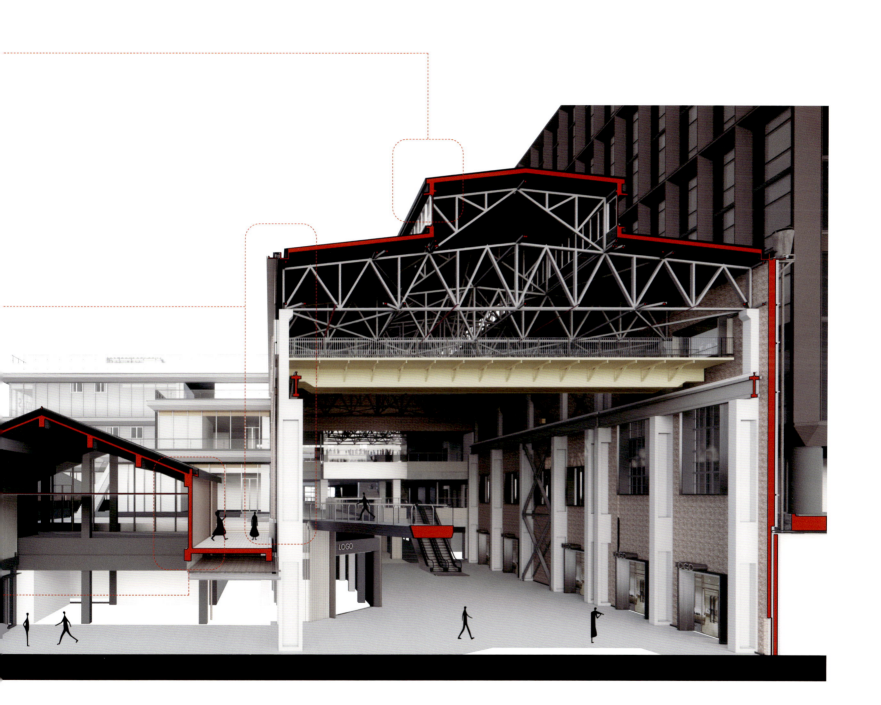

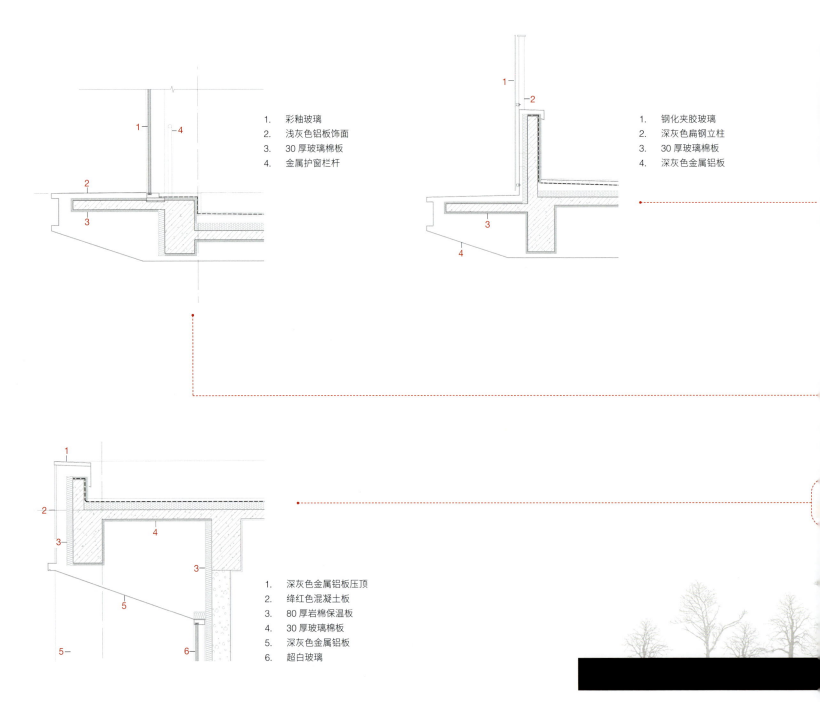

1. 彩釉玻璃
2. 浅灰色铝板饰面
3. 30 厚玻璃棉板
4. 金属护窗栏杆

1. 钢化夹胶玻璃
2. 深灰色扁钢立柱
3. 30 厚玻璃棉板
4. 深灰色金属铝板

1. 深灰色金属铝板压顶
2. 绛红色混凝土板
3. 80 厚岩棉保温板
4. 30 厚玻璃棉板
5. 深灰色金属铝板
6. 超白玻璃

裙房墙身节点

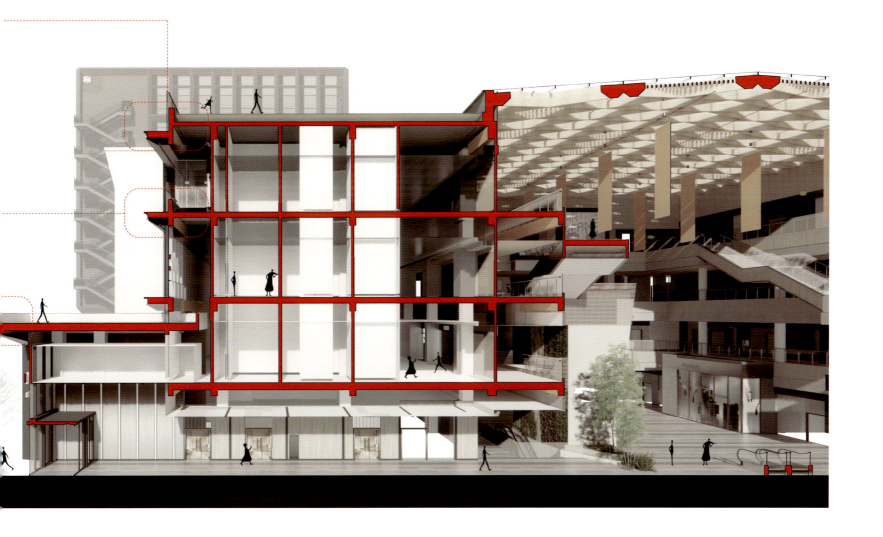

塔楼墙身节点

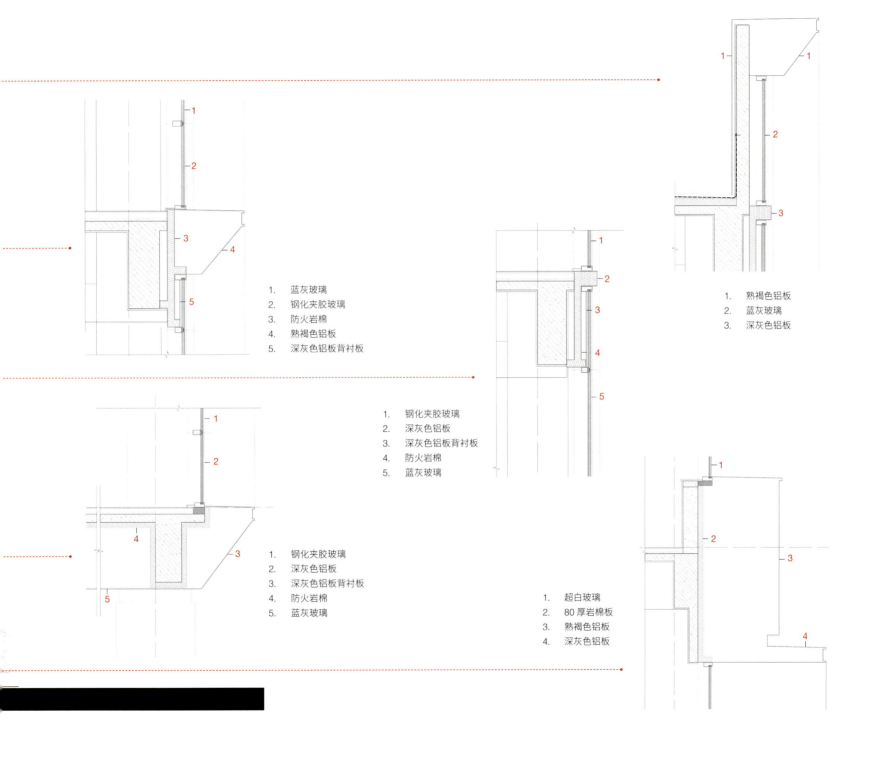

1. 蓝灰玻璃
2. 钢化夹胶玻璃
3. 防火岩棉
4. 熟褐色铝板
5. 深灰色铝板背衬板

1. 钢化夹胶玻璃
2. 深灰色铝板
3. 深灰色铝板背衬板
4. 防火岩棉
5. 蓝灰玻璃

1. 钢化夹胶玻璃
2. 深灰色铝板
3. 深灰色铝板背衬板
4. 防火岩棉
5. 蓝灰玻璃

1. 熟褐色铝板
2. 蓝灰玻璃
3. 深灰色铝板

1. 超白玻璃
2. 80厚岩棉板
3. 熟褐色铝板
4. 深灰色铝板

2) 五一剧场室内设计

五一剧场目前分为东、西两个体量：东侧改造部分建筑面积约为 2900 m²，
现仍作为黑匣子剧场、多功能演出厅使用，主体建筑内部包括门厅、观众
厅、舞台、过厅、休息室、候场室等空间；西侧为新建部分，建筑面积约
为 2600 m²，共有四层，包括化妆间、排练室、盥洗室、休息室、调音室、
员工办公室等空间。

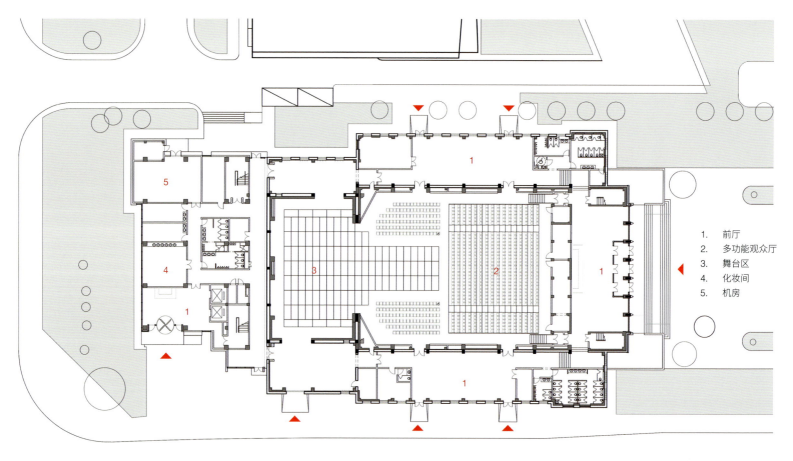

1. 前厅
2. 多功能观众厅
3. 舞台区
4. 化妆间
5. 机房

五一剧场一层平面图

0　　5　　10m

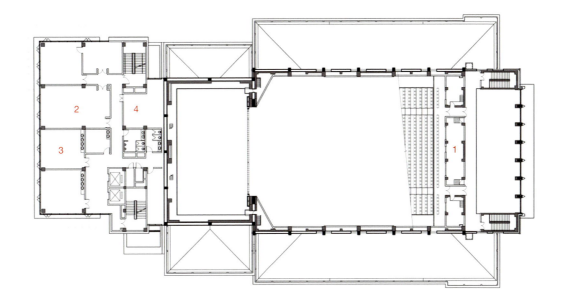

1. 放映厅
2. 排练室
3. 化妆间
4. 机房

五一剧场二层平面图

五一剧场东立面图

五一剧场南立面图

0 5 10m

1. 前厅
2. 多功能观众厅

五一剧场剖面图 1

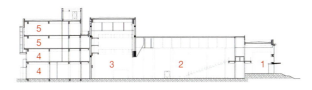

五一剧场剖面图 2

1. 前厅
2. 多功能观众厅
3. 舞台区
4. 化妆间
5. 排练

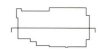

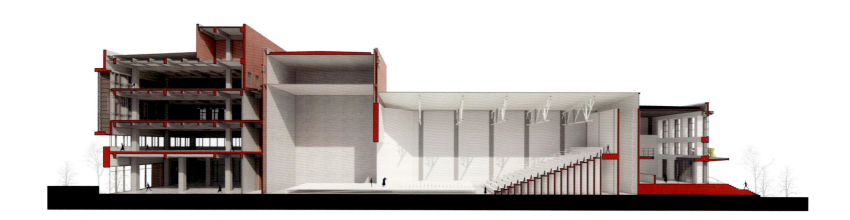

五一剧场横剖

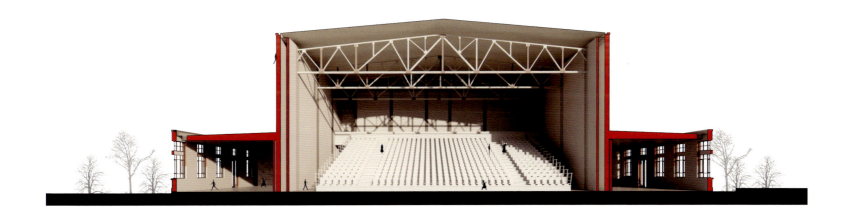

五一剧场纵剖

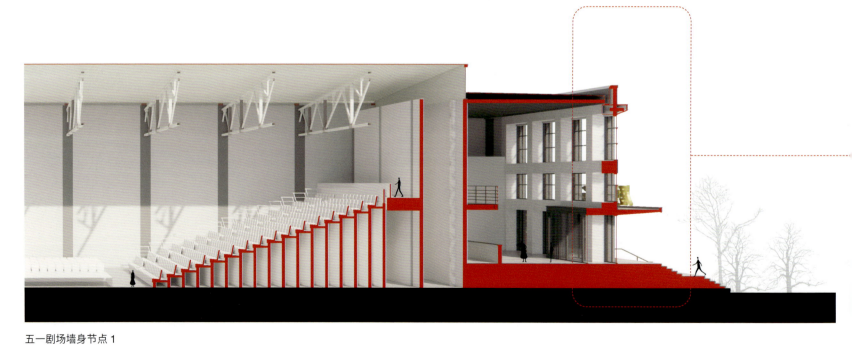

五一剧场墙身节点 1

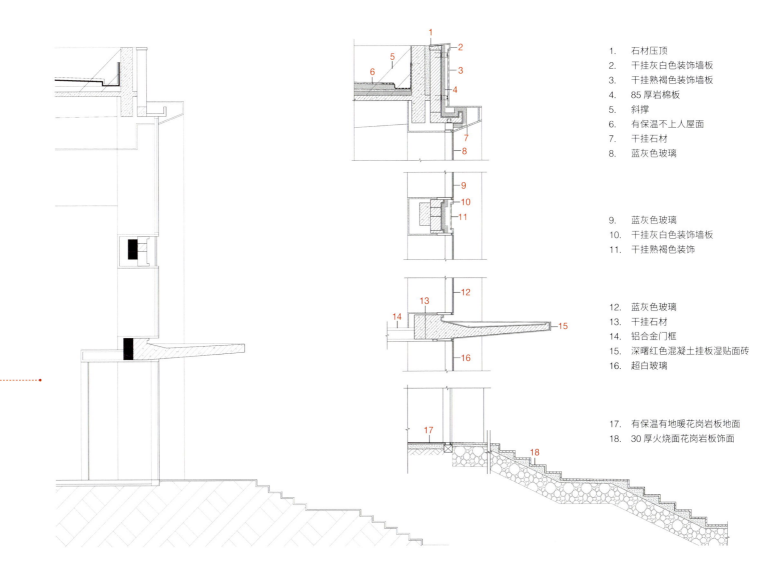

1. 石材压顶
2. 干挂灰白色装饰墙板
3. 干挂熟褐色装饰墙板
4. 85厚岩棉板
5. 斜撑
6. 有保温不上人屋面
7. 干挂石材
8. 蓝灰色玻璃

9. 蓝灰色玻璃
10. 干挂灰白色装饰墙板
11. 干挂熟褐色装饰

12. 蓝灰色玻璃
13. 干挂石材
14. 铝合金门框
15. 深曙红色混凝土挂板湿贴面砖
16. 超白玻璃

17. 有保温有地暖花岗岩板地面
18. 30厚火烧面花岗岩板饰面

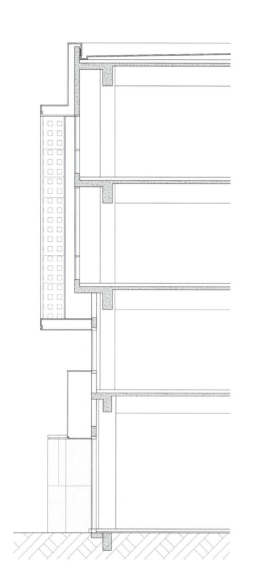

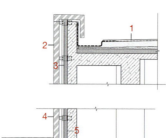

1. 有保温不上人屋面
2. 深曙红色混凝土挂板
3. 70 厚岩棉板

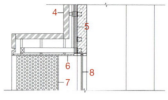

4. 深曙红色混凝土挂板
5. 70 厚岩棉板
6. 熟褐色铝板吊顶
7. 熟褐色穿孔铝板
8. 蓝灰色玻璃

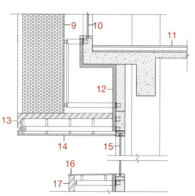

9. 熟褐色穿孔铝板
10. 蓝灰色玻璃
11. 架空活动地板楼面
12. 70 厚岩棉板
13. 深曙红色混凝土挂板
14. 熟褐色铝板吊顶
15. 蓝灰色玻璃
16. 熟褐色铝板压边
17. 深曙红色混凝土挂板

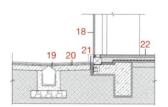

18. 超白玻璃
19. 10 厚钢板托角
20. 100 厚预制钢筋混凝土板
21. 聚乙烯泡沫塑料
22. 有保温有地暖花岗岩板地面

五一剧场墙身节点 2

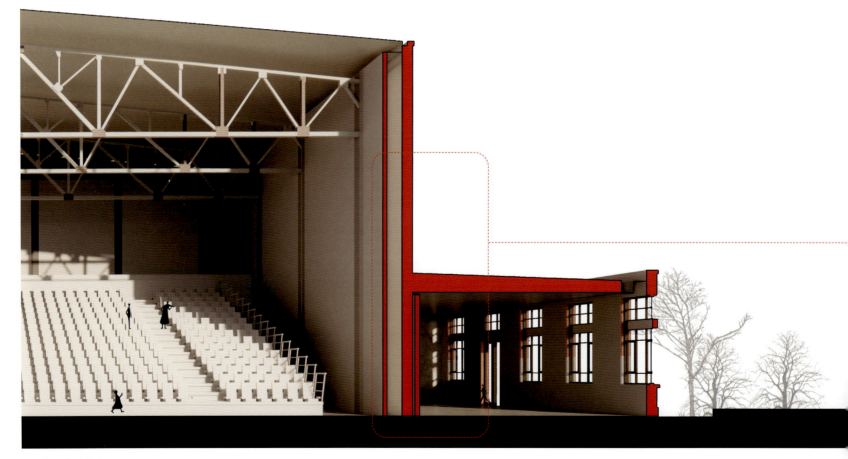

五一剧场墙身节点 3

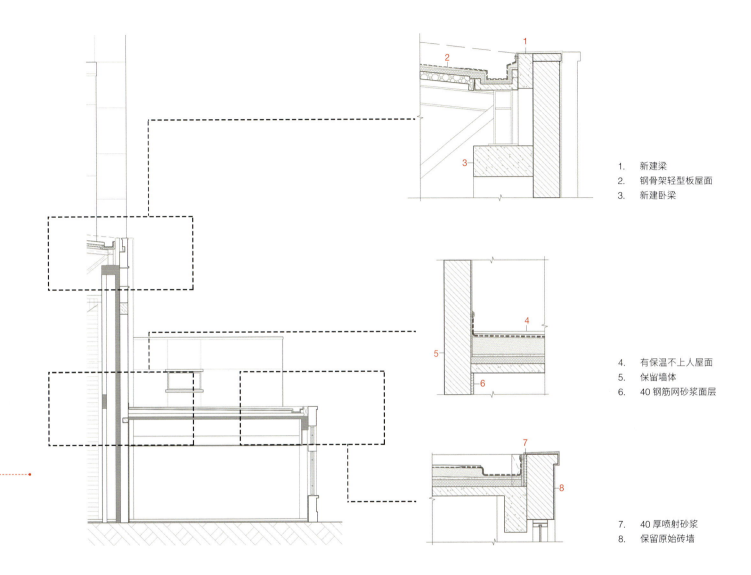

1. 新建梁
2. 钢骨架轻型板屋面
3. 新建卧梁

4. 有保温不上人屋面
5. 保留墙体
6. 40 钢筋网砂浆面层

7. 40 厚喷射砂浆
8. 保留原始砖墙

图 3-3-66　改造后的沉淀池广场公园

3) 沉淀池广场公园

利用标志性的圆形肌理，结合乔木形成种植池，打造室外运动休闲空间。将中间两个沉淀池改造为可提供活动和休憩的下沉开放广场，彩色铺装与绿植相结合的台阶可成为露天观众席或供游人休息；两端沉淀池略作改建成为收纳雨水径流的下凹绿地，保留刮泥器工业遗存符号；保留冷却塔外貌原状，作为广场标志物；整体更新为时光钟摆记忆公园和城市活力公园，探索遗存转化开放空间二次利用模式，最终工业遗存成功更新成为附着集体记忆和崭新都市生活的最佳空间发生场。（图 3-3-66）

图3-3-67　改造后的加速澄清池

4) 加速澄清池

原设计在既有遗存改造的基础上新增一个圆筒建筑，作为厨房或其他辅助用房。而日料品牌天燚·鳗七七入驻后，又根据其实际使用需求进行了一系列调改：最北侧的筒内部加了一个旋转楼梯，外侧两个入口处新加一个突出的门头。屋顶加了栏杆，便于后续利用屋顶空间。内部的夹层及两个池子（已封顶）都被充分利用。（图3-3-67）

沉淀池下沉广场空间成为露营者胜地

钢架步行桥延续了工业历史风貌

室内攘来熙往、室外人潮涌动的加速澄清池

被保留下来的工业构筑物

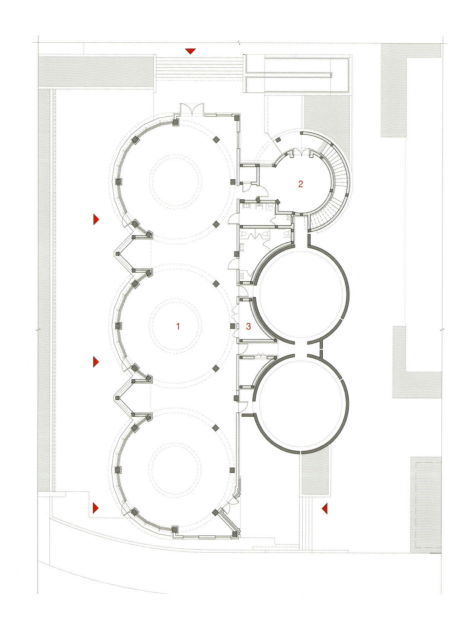

加速澄清池一层平面图

1. 餐厅
2. 厨房
3. 机房

0 1 _____ 5m

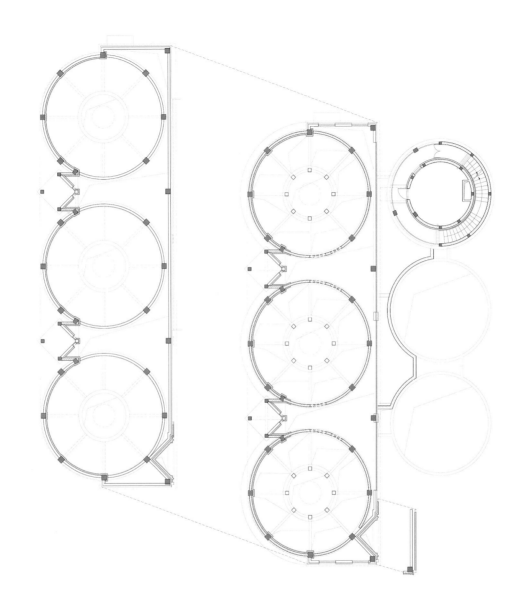

加速澄清池二、三层平面图

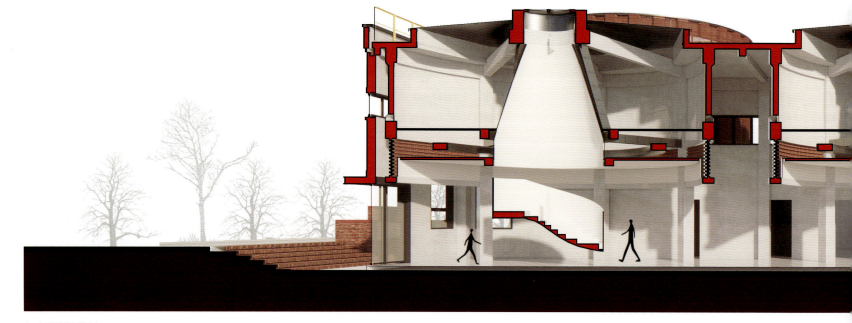

加速澄清池纵剖

加速澄清池组合剖透视

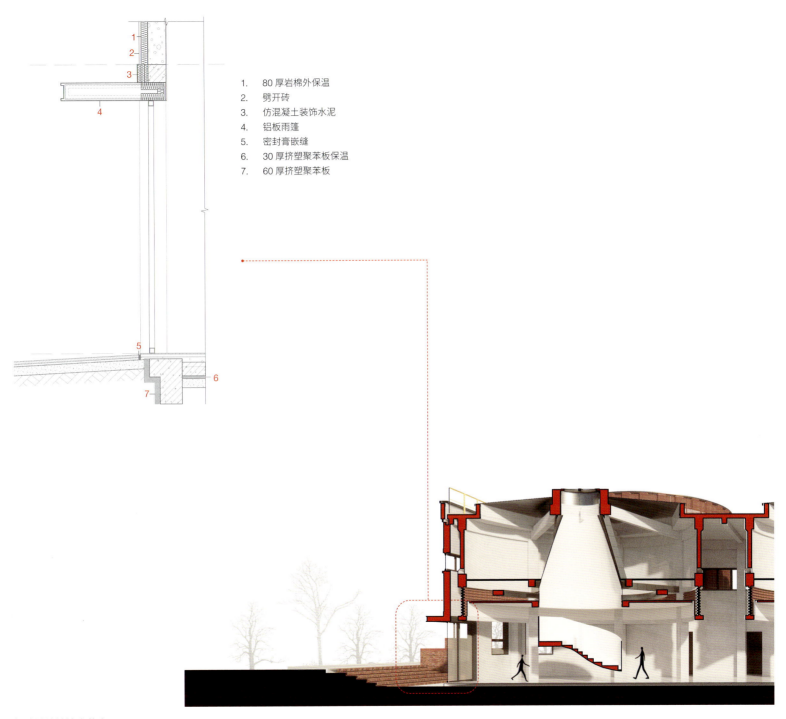

1. 80 厚岩棉外保温
2. 劈开砖
3. 仿混凝土装饰水泥
4. 铝板雨篷
5. 密封膏嵌缝
6. 30 厚挤塑聚苯板保温
7. 60 厚挤塑聚苯板

加速澄清池墙身节点 1

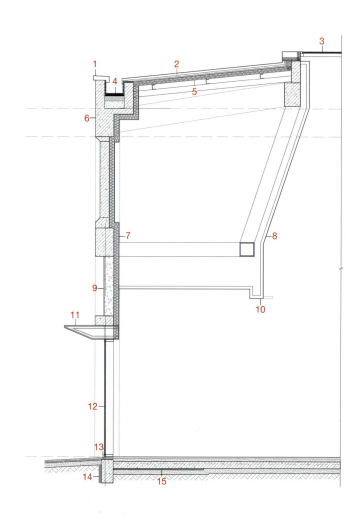

1. 深灰色铝板压顶
2. 直立锁边屋面
3. 采光玻璃顶
4. 不上人屋面
5. 145 厚岩棉保温
6. 仿混凝土装饰水泥
7. 110 厚岩棉内保温
8. 弧形天花造型铝板
9. 劈开砖
10. 灯具
11. 铝板雨篷
12. Low-e 玻璃幕墙
13. 密封膏嵌缝
14. 60 厚挤塑聚苯板
15. 30 厚挤塑聚苯板保温

加速澄清池墙身节点 2

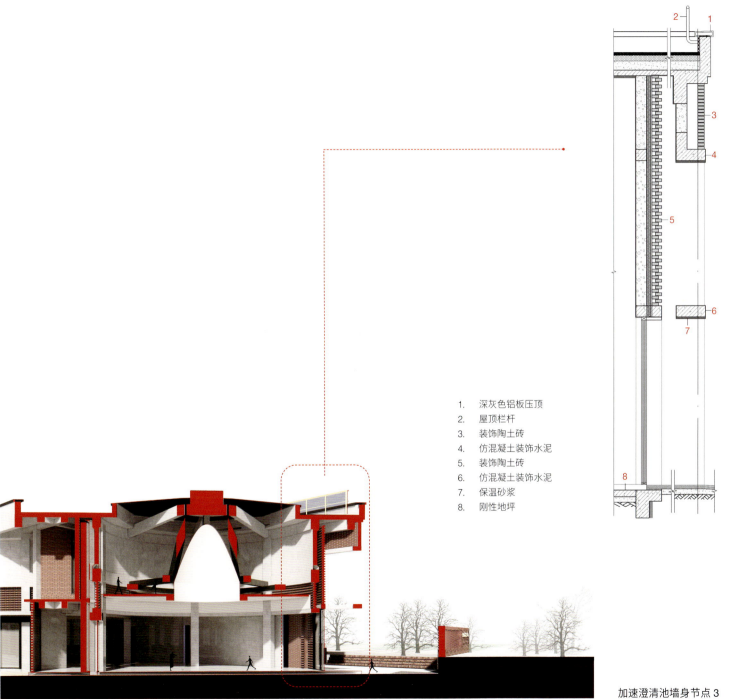

1. 深灰色铝板压顶
2. 屋顶栏杆
3. 装饰陶土砖
4. 仿混凝土装饰水泥
5. 装饰陶土砖
6. 仿混凝土装饰水泥
7. 保温砂浆
8. 刚性地坪

加速澄清池墙身节点3

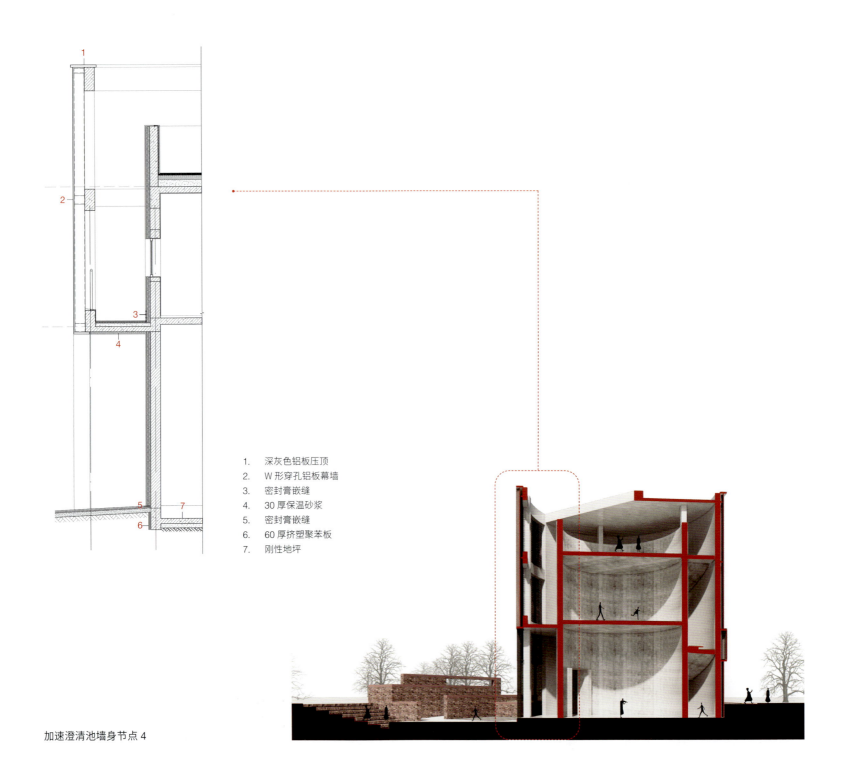

1. 深灰色铝板压顶
2. W 形穿孔铝板幕墙
3. 密封膏嵌缝
4. 30 厚保温砂浆
5. 密封膏嵌缝
6. 60 厚挤塑聚苯板
7. 刚性地坪

加速澄清池墙身节点 4

5) 其他

六工汇共包括 11 栋独栋产业、11 栋独栋旗舰商业、1 个购物中心等多维功能建筑。在招商过程中，不同的商家会提出不同的诉求，需要设计团队提供"伴随式设计服务"配合解决。比如某亲子游泳俱乐部，设计配合荷载复核以及水电改造咨询，确保其能够顺利入驻。为配合区域内的概念汽车展示店，设计将建筑首层主入口大门修改为多功能电动平移平开门，确保汽车能够顺利运进展厅。除遗存改造之外，设计团队还精心打造了具有 4.2 m 层高、74% ～ 80% 超高使用率的舒适办公楼，其内部空间可以适应不同企业多元化的灵活使用方式；疫情以来，办公楼在屋顶露台、燃气接入和独立分隔等空间特色也能够有效避免后疫情时代的卫生安全隐患，可以说是面向未来的健康、优质的办公空间。

六工汇整体鸟瞰效果图

3.3.4 技术创新

1) 遗存低碳更新样板的尝试

2020 年 12 月，肯德基中国正式发布"自然自在"可持续发展宣言，涵盖可持续餐厅建设、可持续行业生态搭建、社区可持续生活方式引领三大领域。为贯彻经济、环境和社会的可持续发展，肯德基推出了"碳中和"Campaign 手机端 App，涵盖会员碳账户、零碳 /低碳产品或权益兑换、零碳示范主题餐厅打造等内容，旨在持续向消费者传递"自然自在"的可持续发展理念，并带动大众的关注和参与。而肯德基品牌首家"零碳示范餐厅"——首钢园区六工汇购物中心肯德基"小绿店"于 2022 年 4 月正式对外发布。该餐厅中部署和验证了尽可能多的节能技术和再生材料，同时也录入餐厅碳抵消流程，主要的零碳项目见表 2：

表2　二泵站肯德基"小绿店"零碳技术汇总表

零碳措施 Zero carbon measures	
节能技术 Energy saving technology	光伏系统 Photovoltaic system
	太阳能招牌 Solar energy signboard
	墙面自然采光 Natural lighting on the wall
	热泵热水器 Heat pump water heater
	LED 照明 LED lighting
	IOT 智能餐厅系统 IOT Intelligent Restaurant System
再生材料 Recycled materials	咖啡渣再生皮革 Recycled leather from coffee grounds
	竹制桌椅 Bamboo desks and chairs
	再生纸桌椅 Recycled paper tables and chairs
	刨花板墙面 Particleboard wall
	矿渣地砖 Slag floor tile
	老店回收材料再加工艺术装置 Old store recycled materials reprocessing art installations
	标识（回收材料） Identification (recycled material)

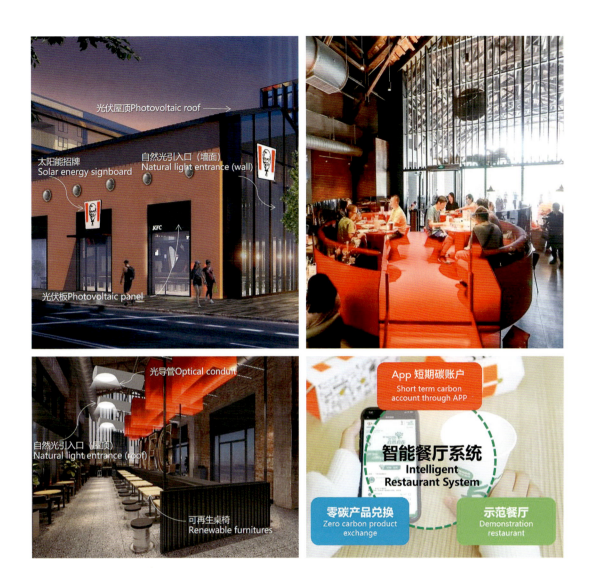

图 3-3-68　肯德基"小绿店"的低碳措施

二泵站更新改造后的肯德基餐厅店面中使用的零碳措施包括屋顶+立面光伏系统、热泵系统、自然光导管照明、IoT物联网餐厅碳交换系统及可再生材料(再生纸桌椅、咖啡渣再生皮革、矿渣再生地砖等)的使用。此项创新尝试为遗存低碳更新类项目提供了行业标杆(图3-3-68)。

2) 遗存历史风貌信息修缮留存模式的探索

针对木构架、混凝土、金属构件屋架及构筑物，探索遗存历史风貌信息的不同修缮留存模式，力求将原遗存的色彩、质感、形态等风貌信息进行还原、封存或再现。如二泵站木构架的加固，在技术上采取了对现有木构件内部腐朽、蛀空等情况用高分子材料灌浆加固，对于严重损毁的木构件进行更换的方法，木构架复核结构受力与截面防火性能、透明防火涂料涂装后，见缝插针地植入加固加强构件，基本能完整保留原木桁架空间效果。7000风机房的混凝土结构采取了增大截面加固法，而室内原有的金属屋架也经过除锈喷漆等恢复原样；7000风机房原外墙为砖砌涂料，颜色会随时间推移渐渐变化。在更新改造后，外墙还原了这种自然的状态，在尽量保留原墙体风貌的同时，将新旧墙体一同刷上与过去相似的颜色，一起走入墙体色彩的下一个轮回。

3) 遗存非民用功能的升级模式探索

在既有工业冷却塔具备较高的保留价值，但鉴于其内部圆筒形大空间的独特性，难以直接改造或布置相关民用功能。本次六工汇的规划设计中，在冷却塔的底部集成中控制冷机房，通过地下管道输送至周边布局的关联建筑并进行温度统一调控，由此，在充分利用冷却塔内部空间的基础上，探索遗存非民用功能的升级模式。（图3-3-69、图3-3-70）

图3-3-69 冷却塔中控制冷设备位置

图3-3-70 中控制冷机房系统示意

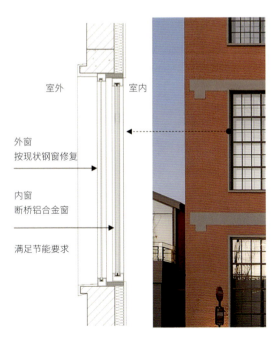

图 3-3-71　7000 风机房双层保温窗构造示意

图中标注：

室外　室内

外窗
按现状钢窗修复

内窗
断桥铝合金窗

满足节能要求

4) 遗存保温达标绿建的手段升级

购物中心中的 7000 风机房，原外立面钢窗已无法满足使用要求，翻新设计采用双层窗构造，外窗为结合钢窗原型修复的装饰性窗，而内窗则采用大块保温玻璃，最大限度地保留了原厂房外窗的视觉效果。如此，在维系外部风貌的同时，升级保温性能达成绿建标准的手段。（图 3-3-71）最终购物中心采用节能环保的技术和设计中可再生循环建筑材料用量比达到 11%，建筑节能率达到 65%，结合其他优秀绿建指标，该项目最终获得了三星级绿色建筑设计标识证书。

3.3.5 使用效果

作为城市更新项目，首钢园在城市发展进程中一直扮演着举足轻重的角色。在历经冬奥会的加持后，重新勾勒出一条创意敢为、生机盎然的可持续发展之路。而位于首钢园北区核心位置的六工汇，不仅延续了百年首钢的硬核精神与文化内涵，还承接着新时代浪潮的消费诉求与体验。项目不断从人的需求出发，聚焦"城市运营高质量发展"的难点和痛点，加速产业结构化升级的良性循环。

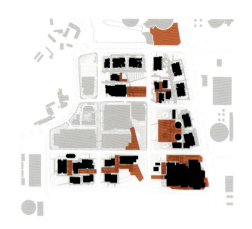

图 3-3-72　六工汇空间布局之绿地、广场与路径示意

六工汇项目以国际化视野打造科技创新、文体创意、休闲娱乐和独特文化生活方式的新名片，成为后奥运周期京西重要城市活力策源地，也为北京建设国际消费中心城市贡献力量。市民来这里欢度节假日的热情，不断有各类行业主体对这里产生了浓厚的兴趣，入驻的产业正在自发升级迭代。整体来看，六工汇项目从空间、产业、可持续、人文和活力五个方面为街区与城市做出贡献，具体分析如下：

1) 空间贡献

首钢园区中央绿脊联系了南侧的群明湖和北侧的秀池，成为园区最主要的生态绿肺。而融入园区中央绿脊的六工汇沉淀池时光钟摆记忆公园和城市活力公园令购物中心的外部空间充满活力。购物中心入口广场、制粉车间亲子广场、加速澄清池西广场、冷却塔西广场、五一剧场东广场和北侧三高炉南广场及西侧的冬训中心东广场共同围绕两湖绿脊链接了区域所有活力的功能建筑。小街区密路网的空间布局避免了过大尺度的压迫感，让街区做到步行友好，为城市活力提供了有效的附着载体（图 3-3-72）。

2) 产业贡献

六工汇旁的冬季训练中心作为竞技＋的锚点，是奥运赛时的服务助力器；更新后的六工汇提供了产业＋生活的重要城市配套，成为奥运赛后的城市活力策源地（图 3-3-73）。

图 3-3-73　六工汇热力分布示意图

六工汇购物中心作为一个汇聚低密度的现代创意办公空间、复合式商业、多功能活动中心和绿色办公空间的新型城市综合体，大量科技、创意、科幻类关联产业入驻令六工汇建构了良性的产业生态。开放公共空间的弹性提供了大量灵活产业发生的可能性，让园区形成了丰富有趣、充满温度的高低配服务产业搭配。目前，六工汇购物广场成功吸引了多个区域首店，已入驻几十家品牌。（图 3-3-74、图 3-3-75）

图 3-3-74　六工汇购物中心已成为新能源汽车品牌入驻集聚地

图 3-3-75　高端日料首店入驻加速澄清池

3) 可持续贡献

低碳可持续：既有工业遗存再利用，延续其使用寿命周期，有效降低全寿命周期的碳耗。二泵站更新为肯德基全国首座小绿店（近零能耗试验店）、为遗存低碳更新提供标杆，结合达到绿建三星的六工汇整体建筑群，为城市低碳可持续运行提供了良好样板（图 3-3-76）。

生态可持续：既有工业运输铁路线及工业沉淀池等遗存转换为南北向带形绿脊，成为连接两湖的重要生态廊道，永定河 - 群明湖 - 六工汇 - 秀池的地下水循环管路让区域成为和城市生态同呼吸的完整系统（图 3-3-77）。

就业可持续：大量园区原产业工人经过培训后再就业，转型为园区物业、文旅、技术、配套服务人员，持续为园区更新复兴助力（图 3-3-78）。

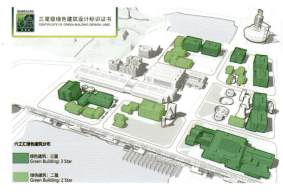

图 3-3-76　六工汇已获证书绿色建筑群

图 3-3-77　地下水循环管路

图 3-78　园区工人再就业

图 3-3-79　购物中心各方向入口大门

4) 人文贡献

六工汇购物中心项目中 20 世纪 40 年代的二泵站及 20 世纪 70 年代的 7000 风机房、九总降等构筑物遗存成为不断书写着历史的见证者，同时也承载着特有的工业记忆，因此六工汇购物中心是一个承载着集体记忆的独特场所。（图 3-3-79）购物中心外围的开场空间（如沉淀池、冷却塔等）也更新成为附着集体记忆和崭新都市生活的最佳空间发生场。购物中心项目改造后特有的"工业风"空间所传递出的"新旧混搭"效应，让这里成为多元产品业态（尤其是沉浸式、体验式、社交型消费产品）的优质布局空间。（图 3-3-80~图 3-3-82）

图 3-3-80　都市活力发生场

图 3-3-81　工业风社交空间

图 3-3-82　特色工业风的框景

图 3-3-83　广场成为亲子活动的绝佳空间

图 3-3-84　休闲、购物、餐饮空间

图 3-3-85　步行桥作为交通连线也成为打卡焦点

5) 活力贡献

工作日白天，大量科技、创意、科幻类关联产业入驻带来的办公人口令六工汇购物中心充满活力。周末和每天晚间，连接群明湖和秀池两大水域的城市绿脊和所有面向绿脊打开的广场空间则成为周边居民休闲的日常好去处。（图 3-3-83）六工汇购物广场结合五一剧场、制粉车间亲子中心则成为城市区域的休闲购物、场景体验的活力目的地。在运营团队的推动下，大量室内外联动的亲子、露营、交往、越野活动爱上了这块土地，音乐节、创意集市也让周边居民的日常生活愈加丰富多彩。（图 3-3-84、图 3-3-85）

6) 运营数据

传统商圈的培育和发展一般是沿地缘渐次推动的，鲜有跳过真空地带另辟发展的情况；正因为首钢园区"远离城市的工业园区"空间特征的唯一性，使得六工汇购物中心项目拥有了"跨传统商圈发展"的可能性，加之线上传播的时代便利以及发布会、品鉴展览和各类团建公共活动的举办，使得这里成为周末、节假日的"京西出行目的地"。

六工汇更新后拥有非常好的网络传播效应，这使园区跳脱出北京西区的"传统商业不发育带"，获得了很大的商业流量和区域集聚效应。2022 年 6 月 18 日六工汇项目开始运营后，立即成为北京西城重要的人气空间之一，当年国庆期间客流量合计近 20 万人次。2023 年初，北京爆发的疫情并没有降低市民来这里欢度节假日的热情，之后在春节期间六工汇也为游客精心准备了新春市集，据首钢新闻中心统计，从年三十到初五，首钢总入园人流量达 17.6 万余人次，总销售额达 800 余万元。在 2023 年的五一小长假期间，六工汇推出"春天一直展开"特展和有植物友邻节等活动，整个首钢园也在假期前 4 天就累积了超过 12.2 万的入园人次，消费额累积 1697 万元，同比增长约 8.9 倍。经过一年的火热招商，六工汇产业招商稳步推进。截至 2023 年 6 月底，产业签约率已超过 90%，多家知名军工、国央企、500 强企业已装修完成并入驻办公。2023 年第三季度，六工汇将加速落实全年整体出租率目标，锁定意向客户，以军工、数字经济、创意设计、金融服务等高端产业为主要方向，进一步推动首钢园区产业聚集。

商业街集市活动（左）
二泵站入口木屋架夜景（右）

4

OLYMPIC-RELATED
AND URBAN SERVICE ITERATION:
"INDUSTRY+, LIFE+" IP COMMUNITY 3.0

涉奥与城市服务产业迭代：

"产业 + 生活 +" IP 群落 3.0

4.1 涉奥产业：首钢滑雪大跳台中心

4.1.1 项目概述

首钢滑雪大跳台中心（又名"雪飞天"）位于首钢园群明湖西南（图 4-1-1），占地面积 13.2 hm²，由跳台本体、裁判塔、看台区及前、后场配套设施区组成。项目整体规划和建筑设计是由清华大学张利老师领衔，由清华院、清华同衡、戈建筑、筑境设计、首钢国际等公司合作完成的。跳台本体投影面积约 5500 m²，场馆座席 6965 席，是世界首例永久性保留和使用的滑雪大跳台场馆，也是冬奥历史上第一座工业遗产再利用的竞技场馆。

4.1.2 设计策略

1) 飞天凌雪

"飞天凌雪舞明湖，近囱远山映冬梦。"首钢滑雪大跳台将中国传统浪漫的敦煌飞天形象与对跳台滑雪运动的动态阐释完美结合。三条丝带典雅流畅的曲线动感十足，宛若长袖曼舞，在冷却塔巨构的映衬下，给跳台滑雪及冬奥会留下极富中国特色、浓墨重彩的一笔。中丝带内外双层，且须考虑对防风网、水电管线、造雪融雪设施、泛光及赛时照明、安全防护、检修通道、赛后利用等各类设备设施的功能性预留，同时作为主丝带，对其外观效果要求又最高；环抱出发区的上丝带断面为圆角梯形，转角处曲率最大、三维曲面最多、板块尺寸变化最大；下丝带则有接近 90° 的扭转。工程设计通过施工图、幕墙深化设计、生产、施工全流程的 BIM 应用，多轮次曲率拟合、板块尺寸、节点设计的优化，

图 4-1-1 首钢滑雪大跳台中心区位图

最终完美呈现了集结构、防风、防护、照明和建筑效果一体化的"雪飞天"。

2) 绿色低碳

首钢滑雪大跳台坚持"绿色办奥"理念，在设计、建设、运营全过程践行节能低碳原则，是 2022 北京冬奥会首个获得绿建三星标识的竞赛场馆；同时竞赛照明、泛光照明、造雪系统、给排水系统、空调系统、送排风系统均采用建筑设备监控系统来进行自动控制，可实现远程控制、监视、各系统之间连锁控制，在实现自动控制的同时，使各系统在最优化的节能状态下运行。

4.1.3 技术创新

1) 创新设计

作为世界首例永久性保留和使用的滑雪大跳台场馆，首钢滑雪大跳台没有先例可以遵循参考。设计团队在国际雪联运动、造雪、修坡等专家顾问的帮助下，开创性地解决了多项技术难题，设计大量创新性建筑结构节点。包括为了保证可变赛道的实现及赛后利用，在 37°钢板上不焊接构件固定近 6000 m^3 的雪；丝带幕墙上为适应不同项目赛事照明及防护高度要求，采用的装配式抗风柱节点及可拆卸铝板幕墙；此外，首钢滑雪大跳台还使用了国内首部体育场馆内的斜行电梯。

首钢滑雪大跳台鸟瞰效果图

首钢滑雪大跳台鸟瞰实景照片

2) 材料选择

首钢滑雪大跳台结构全长约 158 m，雪道层变宽度从高处的 9.2 m 变化到落地处的 34.1 m，跨度大、荷载大、温度荷载作用效应显著。支撑结构由 74.9 度的格构柱及两组 V 形柱组成，其体系与传统建筑、桥梁均有很大差别。常规的钢材强度已经无法满足设计需求，因此经过比较论证，最终主体桁架采用 Q345 高建（GJ）钢。从实际完成效果来看，设计的合理性得到了完美的体现。考虑到抗雪水腐蚀能力，赛道面板选用 Q355NHC 耐候钢。而对于裁判塔部分，则选用首钢自主研发的新型耐火耐候钢，并通过了材料的专项专家论证。

4.1.4 使用效果

首钢滑雪大跳台在设计之初就充分考虑了赛后利用的问题。冬奥结束后，首钢滑雪大跳台可以承办国内外顶级大跳台项目赛事，并成为专业选手训练基地、青少年后备人才选拔基地、赛事管理人员训练基地等。同时，赛道设计预留了给、排水口，可用于滑水、滑草等全季使用。结束区的体育广场和观众区设置了氛围照明系统，并预留机电条件，在赛前就已承办了北京 2022 年冬奥会和冬残奥会赛会志愿者全球招募启动仪式、2021 年迎冬奥相约北京 BTV 环球跨年冰雪盛典等多项大型活动，赛后亦可作为观演场地服务大众。

首钢滑雪大跳台与周边环境、建构筑物天际线关系

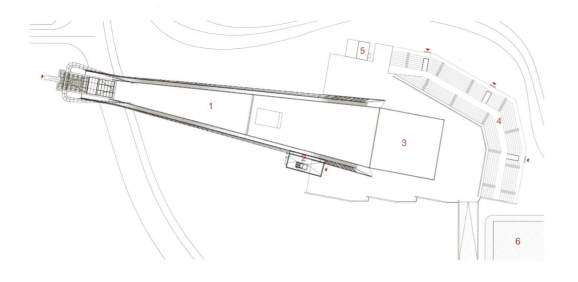

1. 大跳台
2. 裁判塔
3. 结束区
4. 观众座席
5. 造雪泵房
6. 制氧厂北区（非设计范围）

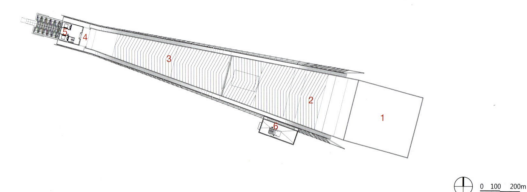

1. 结束区
2. 着陆区
3. 助滑道
4. 出发区
5. 电梯厅
6. 裁判塔

0 100 200m

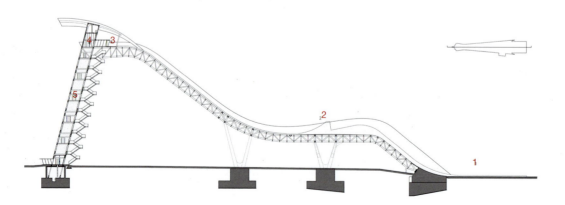

1. 结束区
2. 起跳点
3. 出发区
4. 电梯厅
5. 斜行电梯

首钢滑雪大跳台总平面图、出发层平面图、剖面图

0 100 200m

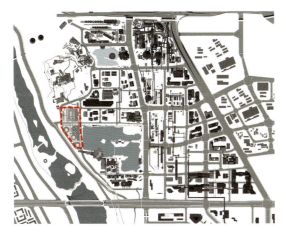

图 4-2-1　香格里拉酒店区位图

4.2 城市服务：香格里拉酒店

图 4-2-2　热电厂改造前

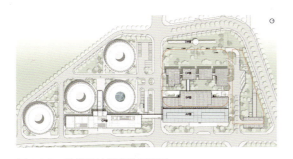

图 4-2-3　香格里拉酒店总平面图

4.2.1 项目概述

首钢香格里拉酒店紧邻首钢滑雪大跳台北侧，由石景山脚向南延伸至群明湖西侧，南北跨越电厂、冷却塔等 3 个地块。该处原为首钢自备热电厂厂区，具备良好的人文和地理优势（图 4-2-1、图 4-2-2）。项目由 Lissoni Casal Ribeiro（LCR，意大利）、筑境设计、首钢国际工程公司合作完成设计，总占地面积 5.5 hm²，总建筑面积 7.7 万 m²（其中地上建筑面积 4.1 万 m²），包括大堂及公共区 A、B 楼，客房区 C 楼，烟囱烟道酒吧 D 楼，后勤及地下车库 E、F 楼，豪华阁 G 楼等 7 个单体建筑（图 4-2-3）。

4.2.2 设计策略

在 2016 年的城市设计中，筑境提出"结合电厂冷却塔设置东向面湖酒店"的构思得到各方认可。酒店以退台形式布置于冷却塔和群明湖之间。但是在有限的基地内见缝插针做足五星级酒店的面积指标必然需要较高体量，难免对冷却塔产生较大遮挡。2017 年滑雪大跳台选址确定后，4 座工业遗址巨构冷却塔成为运动员腾空重要的背景。因此经再三权衡，并经规划调整，设计降低了群明湖边的建设量以露出冷却塔主体，将部分功能迁移布置于电厂地块，自此开启了酒店南北两区协同的实施方案设计工作。

图 4-2-4　A 楼改造前内部　　　　　　　　图 4-2-5　A 楼改造前外观

1) 工业风室内的室外化

首钢香格里拉酒店位于原首钢自备热电厂厂区内。我们最初勘察基地时，在进入汽轮发电机房的瞬间，超尺度的工业遗迹扑面而来，那种残破又充满力量的美感，让周围的空气似乎都凝固了（图 4-2-4、图 4-2-5）。我们希望这样纯粹的空间感动能够作为酒店的设计理念，将之实现并传递给未来的使用者。因此，设计理念确定了突出电厂机房高大空间的完整性和工业风、注入温室绿植主题创造出北方城市反季节的奇幻空间体验，让入驻的客人能够体验"在钢铁丛林中见到绿色森林"的观感效果。同时以室内空间的"室外化"强调其公共性，内外联动使之成为石景山南大门的园区共享空间。（图 4-2-6）

2) 赛时赛后利用

为更好地服务冬奥，项目须分阶段植入不同的功能。冬奥期间电厂地块的常规客房区开业，而 G 楼作为距离"雪飞天"最近的建筑，赛时须承担起比赛的指挥及后勤保障功能，赛后再恢复为酒店。为保护冷却塔的基础不受影响，基地仅剩沿湖 20 m 宽的可建设用地，而冷却塔间距甚至只有 8 m。在苛刻的地形条件约束下，既要同时满足赛事服务和酒店运营两种功能需求，又要留好后期改造条件并考虑经济性，整个设计过程真可谓是"螺蛳壳里做道场"。

图 4-2-6　A 楼大堂"绿色森林"

260

3) 管线综合

首钢香格里拉酒店完整保留了原首钢自备热电厂主厂房，公共区域由高达 24 m 的单层大空间和 21 m 的 3 层空间组合而成，这里集中布置了酒店的大堂、儿童中心、宴会厅、泳池、全日餐厅等配套功能。而工业遗存的下方由于无法开挖地下室，机电管线很难敷设。尤其是遇到五星级酒店这样复杂的流线要求，整体问题解决的难度被指数级放大了。经多次现场踏勘，设计利用原来正负零以下的管沟进行"管线综合"，最终新旧结合、因"遗"制宜地进行了大胆的设计创新。

4.2.3 设计过程

酒店 A 楼汽机房原厂房建筑建成于 1985 年，长 121 m、宽 29.5 m、脊高 24 m，结构为钢筋混凝土框排架，改造后保留 1-18/A-B 跨排架。热电厂在首钢大规模生产时期发挥了重要的作用，遗留下来的 A 楼排架厂房及内部高大的汽轮机基础都极具工业特色，结合其所在地块的周边环境条件，加之冬奥赛事的大事件催化，让这里成为绝佳的工业风高星级酒店选址地。酒店 A 楼改造后完整保留了原首钢自备热电厂主厂房，在不改变肌理的前提下，内部扩容加层，植入休闲空间，并集中布置了酒店的大堂、宴会厅、全日餐厅等配套功能，拓展了原电厂车间的使用面积。改造后的酒店整体总客房数量达 310 间，并设置多功能厅、中餐厅、儿童中心、泳池、健身房等附属设施，为入住宾客提供顶级服务体验。（图 4-2-7~ 图 4-2-10）

图 4-2-7　香格里拉酒店改造后外观

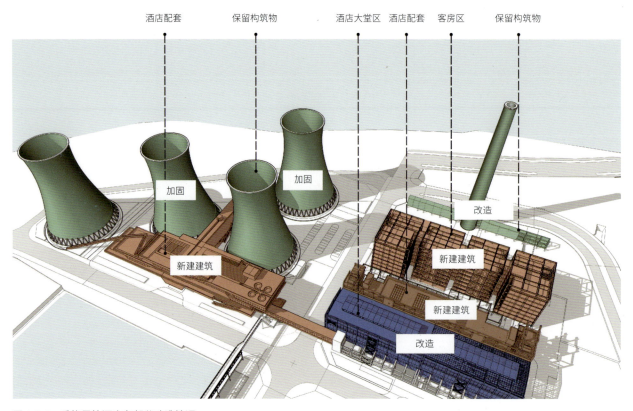

酒店配套　　　　　保留构筑物　　　　酒店大堂区　酒店配套　客房区　　　保留构筑物

加固　　　　　加固

改造

新建建筑

新建建筑

新建建筑

改造

图 4-2-8　香格里拉酒店各部分改造情况

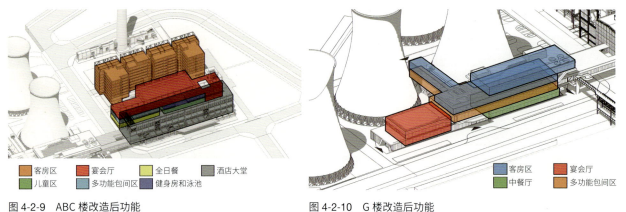

客房区　　宴会厅　　全日餐　　酒店大堂
儿童区　　多功能包间区　　健身房和泳池

图 4-2-9　ABC 楼改造后功能

客房区　　宴会厅
中餐厅　　多功能包间区

图 4-2-10　G 楼改造后功能

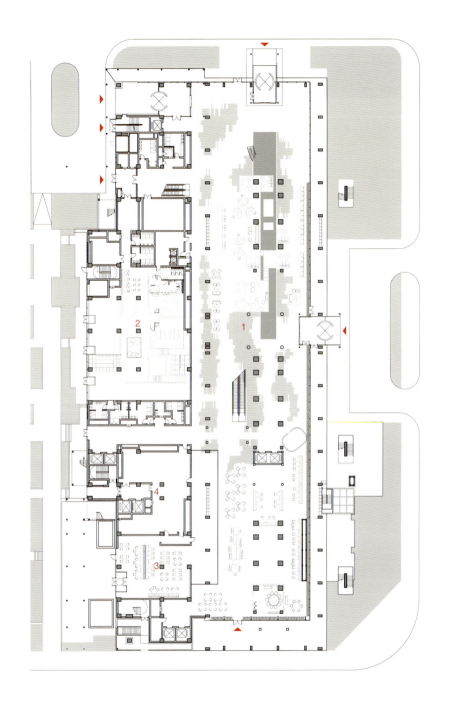

香格里拉酒店 AB 楼首层平面图

1. 大堂
2. 儿童中心
3. 全日餐厅
4. 厨房

0　　5　　10m

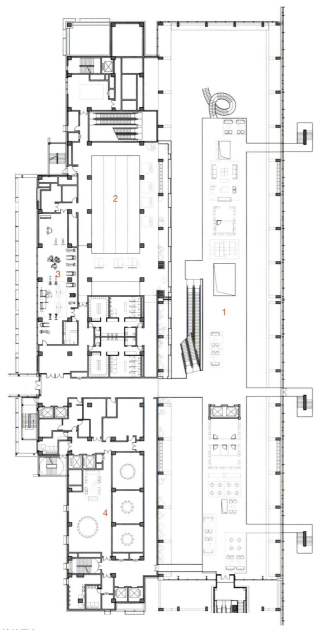

1. 接待平台
2. 游泳池
3. 健身房
4. 多功能厅

香格里拉酒店 AB 楼二层平面图

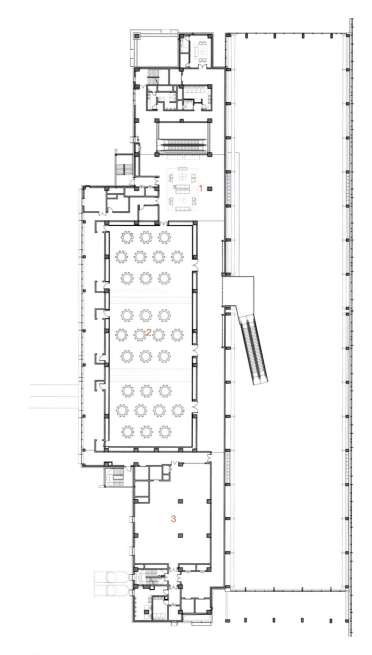

1. 过厅
2. 宴会厅
3. 厨房

香格里拉酒店 AB 楼三层平面图

0　　5　　10m

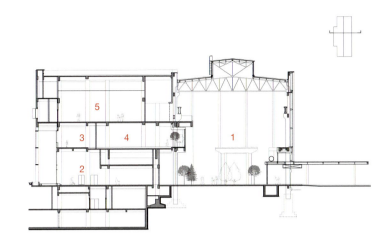

1. 大堂
2. 儿童中心
3. 健身房
4. 游泳池
5. 宴会厅

1. 门厅
2. 儿童中心
3. 全日餐厅
4. 厨房
5. 游泳池
6. 多功能厅
7. 过厅
8. 宴会厅
9. 厨房

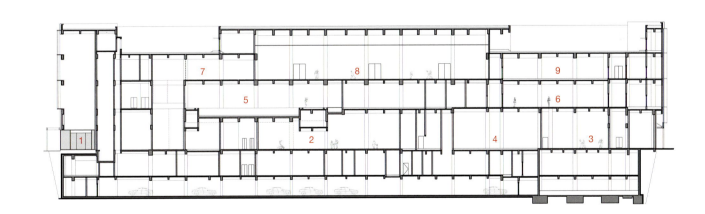

香格里拉酒店 AB 楼剖面图

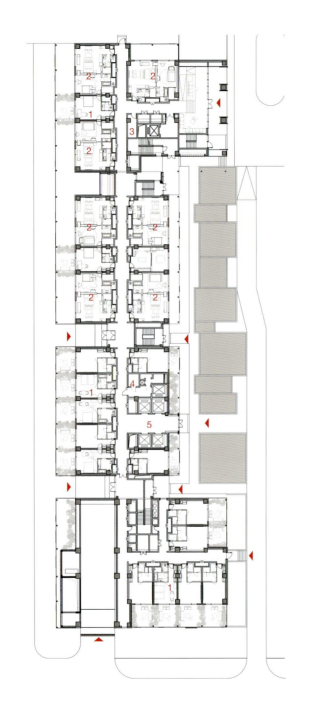

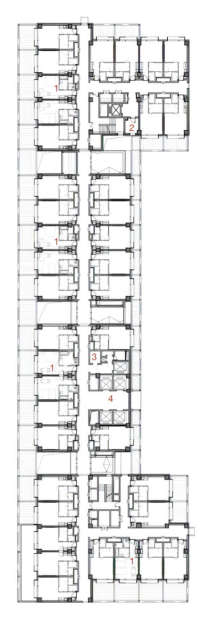

1. 客房
2. 套房
3. 开水间
4. 布草间
5. 电梯厅

1. 客房
2. 开水间
3. 布草间
4. 电梯厅

香格里拉酒店 G 楼首层平面图

香格里拉酒店 G 楼二层平面图

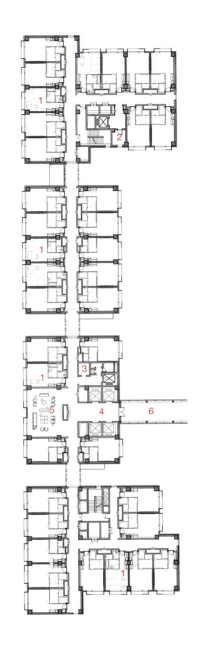

1. 客房
2. 开水间
3. 布草间
4. 电梯厅
5. 休息厅
6. 连廊

香格里拉酒店 G 楼标准层平面图

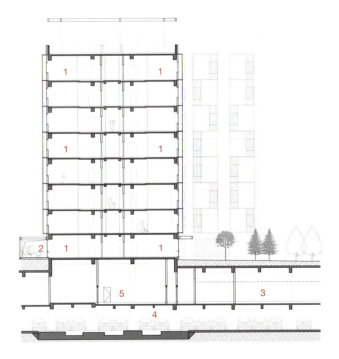

1. 客房
2. 内院
3. 仓库
4. 车库
5. 垃圾房

香格里拉酒店 G 楼剖面图

4.2.4 技术创新

酒店 A 楼改造的结构设计一反常规，采取了"以弱胜强"的逆向策略，通过拆除原结构的剪力墙，改为防屈曲支撑的方式来缩小东西两翼的刚度差，同时控制新增荷载，做到了绝大部分梁柱均无须进行额外加固处理，最大限度保护原始结构，同时又满足现行抗震规范的综合效果，也为展现工业建筑原汁原味空间质感的设计理念打下了坚实的技术基础。

根据中冶提供的《首钢汽机主厂房（热电主厂房）结构安全与抗震鉴定报告》（TC-BJ-I—2018-041），厂房建筑现状为：轴线及构件截面尺寸、混凝土强度等级、钢材强度、混凝土保护层厚度、钢筋数量及间距、建筑物倾斜、变形等均满足原设计要求及相关规范要求，厂房安全性鉴定评级为 Csu 级，即不符合国家现行标准规范的安全性要求，影响整体安全性能；其抗震鉴定结果为：结构质量分布、楼层刚度比、多方向抗剪承载力比、结构位移比及最大层间位移角等均严重超过规范所允许的最大限值，剪力墙剪压比超限，建筑抗震鉴定评级为 Dse 级。综上，该房屋结构综合安全性等级为 Deu 级，在后续年限内严重影响整体抗震性能，根据《民用建筑可靠性鉴定标准》适修性评估建议，通常的处理方式为"整体拆除重建"。根据安全性鉴定来看，A 楼原厂房的设计、施工均较为规范，结合现状情况，又经设计细致对比分析和业主方综合考虑后决定，将工业特征明显且构件破损不严重的 A 楼进行保留（加固处理），B 楼及 A 楼东侧附属建筑部分进行拆除。（图 4-2-11）

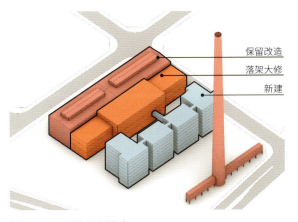

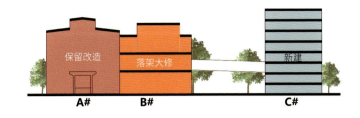

图 4-2-11　最终保留策略

依据 A 楼原始图纸、检测报告及现场测绘情况，结构和建筑团队按现行规范进行计算分析模拟后，初步考虑了两种加固方案：一是采用增大截面法，二是增加新结构支撑法。A 楼结构加固的难点主要在于既要保证本身保留部分的结构安全，又要解决与新建部分的刚度不均等问题，以及如何在节约成本和降低施工难度的前提下，保留和呈现热电厂室内外原有的空间风貌特色，因此设计团队经内部研讨、多次试算模拟分析后得出第三种解决方案，操作如下：

· 对局部破损的梁、柱、板，对混凝土缺陷修复及裂缝处理；
· 对不满足新的设计要求的排架柱采用增大截面加固；
· 对局部表面涂层破损的钢构件：采用除锈后刷防护涂层；
· 对屋架系统（含支撑）依据建筑功能变化新增或替换部分钢构件；
· 对原结构屋面进行更换。

最终 A 楼通过减小原结构刚度，以做减法的加固方式拆除保留的原剪力墙，在降低结构刚度的同时解决了整体结构刚度不均的问题，实现了仅对排架柱地下部分少量加固、少量增加支撑且又满足现行规范设计要求的综合目标，呈现了主厂房的原始工业风貌、达成对工业遗存最大限度的保留（图 4-2-12、图 4-2-13）。A 楼在安全消隐和结构加固方面的大胆创新和处理方法，得到业内的一致认可，也为我国其他地区的工业遗存更新项目提供了宝贵的经验。

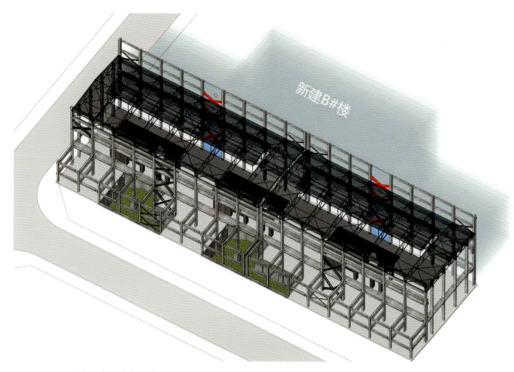

图 4-2-12　A 楼减小原结构刚度加固

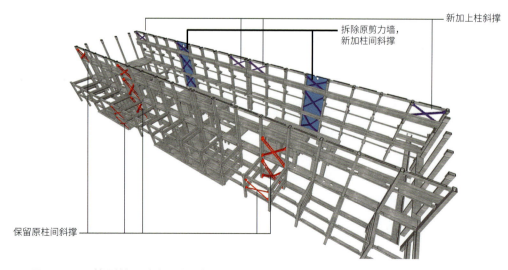

图 4-2-13　A 楼最终加固方案汇总示意图

4.2.5 使用效果

首钢香格里拉酒店作为首钢滑雪大跳台中心的配套项目，被北京 2022 年冬奥会和冬残奥会组织委员会授予"北京 2022 年冬奥会官方接待饭店"。冬奥会赛会期间，酒店 G 楼作为首钢滑雪大跳台赛时运行指挥体系主运行中心使用。同时，这里引入了环保和科技的理念，将工业风与现代设计完美结合在一起，走进其中，就仿佛来到了一座钢铁巨兽的核心内部，朋克画风无比迷人。（图 4-2-14）

身处群明湖畔，炽热炉火和轰鸣喧嚣都已远去，高耸入云的烟囱也不复蒸汽萦绕，但粗野与精致、工业与自然、历史与未来在首钢香格里拉完美邂逅交融。昔日静寂荒芜的工业建筑已羽化为国际化的温暖窗口，笑迎来自全世界的精英。这座艺术品一样的酒店历经工业时代的洗礼，在尽情感受时代的魅力的同时，散发科技的力量和重生与复古的美感。希望首钢香格里拉能成为"工业遗存更新为大型高星级酒店"的一次积极尝试，在出色完成奥运配套服务工作之后，期望它能够成为世界观察北京精神的窗口，通过它看到其背后呈现出的"敬畏历史"和"展望未来"的中国态度。（图 4-2-15~ 图 4-2-17）

图 4-2-14　香格里拉酒店日景

图 4-2-15　香格里拉酒店夜景

图 4-2-16　改造后的 A 楼东侧

图 4-2-17 改造后的 AB 楼北侧

酒店 A 楼、冷却塔、西山的近 - 中 - 远视线对话

276

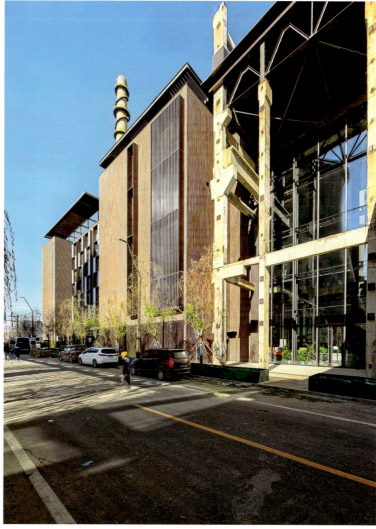

新建建筑与工业遗存并置

保留的工业结构（左）
香格里拉酒店及周边环境概览（右）

4.3 涉奥 + 科技产业：制氧厂创新中心南片区

4.3.1 项目概述

制氧厂创新中心南片区项目位于长安街西沿线北侧、冬奥大跳台区域南侧，与首钢核心"三高炉"隔岸相望，具有得天独厚的景观资源和地理优势（图 4-3-1）。首钢制氧厂始建于1975 年，曾作为制氧车间为钢铁生产提供能源介质（图 4-3-2～图 4-3-4）；该片区经改造后的整体项目定名为"创新中心"，总建筑面积 11.5 万 m^2。地块更新改造后的功能包括腾讯演艺中心、滨湖科技办公区和休闲商业配套等。

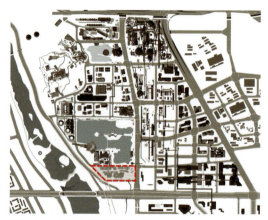

图 4-3-1　制氧厂南片区区位图

图 4-3-2　遗存管廊设备

图 4-3-3　遗存建筑：3350 车间

图 4-3-4　遗存建筑：1.6 万制氧厂

4.3.2 设计策略

1) 延续场地序列

设计最大限度地尊重原有场地并延续工业时代的记忆。场地入口留存高耸的冷却塔和铁路钢棚；1.6万制氧厂房内部桁架结构完好，外部绿色墙皮富有艺术感；场地中部的3350车间，斑驳的外墙在室外繁茂丛生的杂草映衬下略显荒凉；原有输气管廊穿梭于场地中，还留有"安全第一"的警示牌。场地外有群明湖、永定河及石景山等景观资源。场地内外丰富的工业风貌和自然景观风貌，成为设计的素材与灵感来源。（图4-3-5）

图4-3-5　从群明湖对岸看新建沿湖办公区

图 4-3-6　中部视觉通廊　　　　　　　　　　　　　　　　图 4-3-7　平台空间

2) 选用方正主题

设计顺应老北京端庄的气质，以首钢原肌理为底图，以"方正"为主题沿着长安街西延线展开。设计保留了 1.6 万制氧厂房和 3350 车间，顺应场地的东西纵向布局、打开中部空间，以渗透的手法使长安街、群明湖以及三高炉区域达成空间视线的流通。（图 4-3-6、图 4-3-7）北侧临湖区域景观资源丰富，适宜布置办公及商业；而靠近长安街的南侧区域作为整个长安街的收尾节点，因此将具有形象展示及人流量大的演艺中心放置于此。入口处结合广场，以旧工业厂房和群明湖为背景，营造休憩空间并缝合了城市、厂区及建筑空间。

图 4-3-8 1.6 万制氧厂门厅　　　　图 4-3-9 3350 车间新建与保留区交接　　　　图 4-3-10 演播厅中部通廊及钢架结构

3) 缝合时代裂痕

设计充分尊重原有风貌，重视旧厂房的保留。1.6 万制氧厂房的改造保留了其最具特色的钢架结构，并在外面设置了新的结构柱，形成钢框架结构的玻璃体作为建筑的门厅区域（图 4-3-8）。3350 车间作为腾讯演艺中心区，改造过程中保留了原有基本构架，将主体结构以外的耳房拆除，裸露的部分桁架极具工业感；外墙部分拆除并加入玻璃材质满足室内采光；入口门厅空间保留原厂房通高，内部加建为四层（图 4-3-9）。新建部分在气质上力求与老厂房保持协调，以低调谦虚的姿态有机融入原肌理当中。3350 车间厂房南侧的新建部分则延续了 6 m 模数的钢桁架结构（图 4-3-10）。西侧圆形混凝土墙与方形玻璃盒子结合的造型也丰富了整体形象（图 4-3-11）。此外，在二层设置可供观众眺望美景的外廊及休息平台。设计还保留了多处工业建筑及构筑物，均结合场地景观加以利用（图 4-3-12~ 图 4-3-14）。

图 4-3-11　演播厅车间端部圆形片墙

图 4-3-12　3350 车间保存老墙

图 4-3-13　排水链

图 4-3-14　西侧保留墙体细节

新植入的功能使得整体空间从"沉默寂静"变得"活力四射"。新建建筑继续以方形为母题生长，与场地原有风貌相和谐，立面材料选取也展现出简洁大气的形象。设计还将平台、檐廊，以及下沉庭院等公共交往空间穿插在各个建筑中，将演出、办公、休憩与观景活动结合在一起。下沉广场与入口小广场形成连通的活力空间，一层檐廊、二层平台以及屋顶平台为使用者提供了观景休憩的空间。建筑的墙体退到平台后，形成延展的观景区域，将湖、河、山景融入建筑中。工业车间裸露的屋顶桁架与二层的外廊围合出小剧场，并以众多工业遗存为背景，形成了独具魅力的活力空间。（图 4-3-15）

图 4-3-15　办公区檐下观景

4.3.3 设计过程

制氧厂南片区通过深入挖掘工业遗存历史价值和时代价值，保留了原有平面肌理，对首钢原有老厂房和工业构件进行修缮与改造，将保留的空分塔、液氮罐、氧气罐、制氧主厂房等工业遗存改造再利用，对可植入新功能的工业建筑物通过内部增加结构和装修进行改造实施，其余工业构筑物则作为景观小品原地保留。同时为完善优化整个区域产业空间，在原有场地肌理的基础上，结合新功能需要织补嵌入新的建筑，最大限度地将原有基地的工业感和尺度感再现于人们眼前。

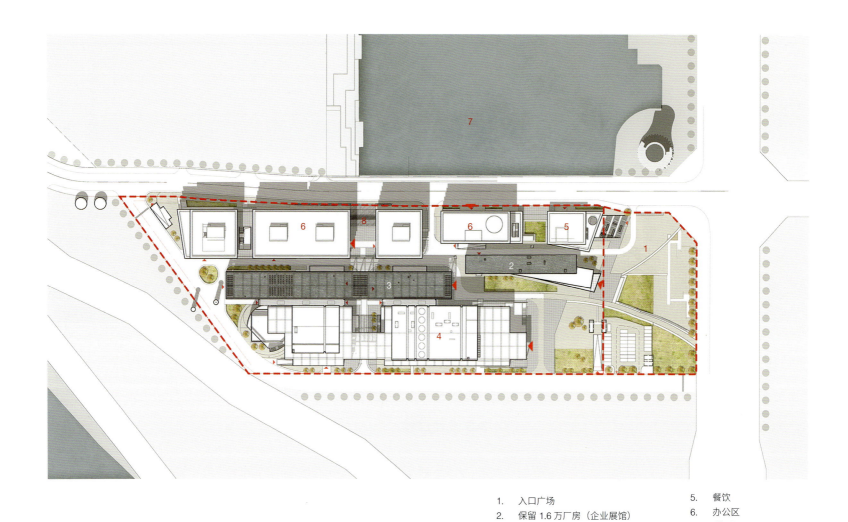

1. 入口广场
2. 保留 1.6 万厂房（企业展馆）
3. 保留 3350 车间（演播厅附属）
4. 演播厅

5. 餐饮
6. 办公区
7. 群明湖
8. 氮气车间保留片墙

制氧厂南片区总平面图

0   20   40m

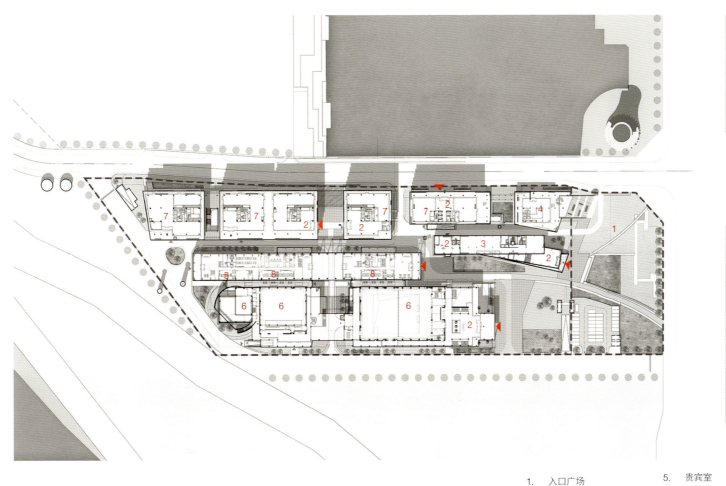

制氧厂南片区一层平面图

1.	入口广场	5.	贵宾室
2.	门厅	6.	演播厅
3.	展览 / 办公	7.	办公区
4.	餐饮	8.	化妆室

0　　20　　40m

制氧厂南片区 东西立面

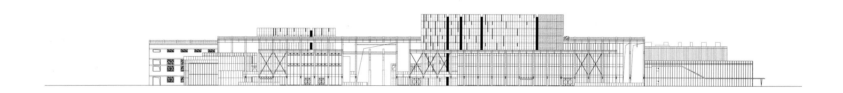

制氧厂南片区 南北立面

288

图 4-3-16　制氧厂南片区组群东立面

图 4-3-17　1.6 万制氧厂立面细节

图 4-3-18　3350 车间立面细节

4.3.4 材料表达

设计团队经过对基地细致的考察研究，结合新的使用功能，最终保留了 1.6 万制氧厂及 3350 车间两处旧建筑。而对新建筑则尽量"低调"处理，使其外观风格与老建筑保持协调，基地内的新老建筑和谐共处。新建建筑选取混凝土、钢、玻璃和砖等传统材料作为主要材料，力求谦逊地与遗存建筑充分融合，使首钢珍贵的历史记忆得以延续。（图 4-3-16）

1.6 万制氧厂房改造后作为企业展示中心，内部为保存完好的门式钢桁架结构，加建为 3 层的展览空间，并保留了最具特色的钢结构部分，在钢架外部设置新的结构柱，形成钢框架结构。屋顶荷载仍由原有结构承担，而加建的二、三层楼板则由新的框架结构承担。加建部分通过一个 3 层通高的玻璃体斜插进入，建筑的入口门厅也设置于此，阳光透过玻璃直射下来，屋顶保留的桁架结构清晰可见。建筑外墙采用灰色 U 形金属板，延续了原有厂房的外形与材料，低调地"消隐"于建筑群之中，与插入的新建玻璃体块形成虚实对比，为原本沉闷的工业建筑群增添了几分活力。（图 4-3-17、图 4-3-18）

改造为腾讯演艺中心的 3350 车间，建筑外墙面延续了原有材料——清水砖墙及水泥抹面。老厂房保留基本构架，拆除主体结构以外的耳房，并将部分桁架有意裸露在外，体现其沧桑的工业感。根据内部功能，对部分外墙予以拆除，并加入新的玻璃幕墙满足室内采光。

图 4-3-19　材质细节

图 4-3-20　通廊庭院空间

图 4-3-21　入口广场看建筑

图 4-3-22　演播厅下沉庭院

内部根据高度加建为 4 层，入口门厅为原厂房通高空间，延续原有的尺度感与记忆。（图 4-3-19、图 4-3-20）

北侧新建办公区建筑外墙主要材料选取混凝土与玻璃。混凝土质感亲切而低调，细腻的纹理、精致的划分，丰富了建筑的立面表情，并且与南侧的旧建筑相协调。大面积玻璃模糊了室内外界限，并将优美的湖景和远山引入室内。最终，"新""旧"元素在此相遇，焕发出别样的生命力。（图 4-3-21、图 4-3-22）

图 4-3-23　演播厅门厅空间

图 4-3-24　演播厅公共空间

4.3.5 使用效果

更新改造将具有工业代表性的桁架序列和外表皮保留，并运用现代的材料和建筑手法将工业时代的印记铭刻于建筑中，而新建的区域采用"融入"而非"对比"的手法使新老建筑互相融合，使整个项目延续了原有场地的序列，缝合了时代的裂痕。新植入的转播厅、演艺中心、办公等功能则仿佛一股新鲜的"氧气"，激发了场地的活力，在冬奥会期间，作为主要转播平台的腾讯，在地块内新建的演艺中心通过区块链、AI 音视频创新等科技，对赛事进行实时转播和联动报道，使得整个场地在冬奥直播转播的工作进程中地尽其利。（图 4-3-23~ 图 4-3-25）

除此之外，制氧厂在更新过程中从场地本身出发，充分利用周边的经济与景观资源，进一步提升商业价值和建筑品质，吸引企业入驻。制氧创新中心目前建成了办公、孵化、内容制作、演播、展览展示、前沿技术体验等多种功能的空间，围绕"科技 +"产业定位，重点引入无人驾驶、人工智能、新媒体、云转播等数字经济产业以及航空航天企业相关研发办公、展演、国际交流板块，实现工业遗产和冬奥会赛时运行、赛后可持续利用等需求完美结合。

图 4-3-25　演播厅内部

演播厅入口

3350 车间扩建演播厅外观

4.4 涉奥 + 城市服务：金安桥科技创意园区

4.4.1 项目概述

本项目位于北京石景山区首钢老工业园区内首钢遗址公园北段区域，地处一号及二号高炉北侧、晾水东路东侧、M6 线 50 m 保护带以南（图 4-4-1）。片区包括原厂区高炉（一号、二号）、矿渣池、转运站、除尘器、筒仓、主电气室和备件仓库等工业遗存建构筑物（图 4-4-2），场 地总体呈西北高、东南低态势，园区内部道路趋于平缓。项目占地面积约为 12.2 万 m²，总建 筑规模约为 77293.17 m²，其中地上建筑面积为 67012 m²，地下建筑面积为 10281.17 m²。 地上主要使用功能为办公、商业，地下部分主要使用功能为地下停车场、商业及设 备用房。该项目让首钢园区与地铁站实现了互通，整体打造及文化、交流展示、 高端办公、餐饮购物、休闲娱乐、轨交换乘于一体的创意活力新社区，成为首钢园区科 技 + 生活的新消费目的地。（图 4-4-3~ 图 4-4-5）

图 4-4-1　金安桥科技创意园区区位图

图 4-4-2　金安桥区域的工业遗存

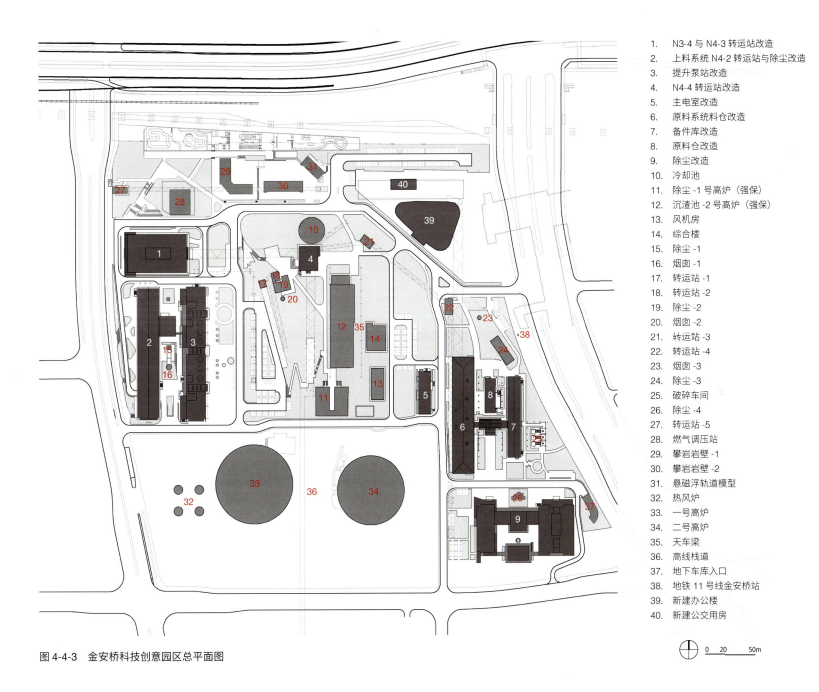

1.	N3-4 与 N4-3 转运站改造
2.	上料系统 N4-2 转运站与除尘改造
3.	提升泵站改造
4.	N4-4 转运站改造
5.	主电室改造
6.	原料系统料仓改造
7.	备件库改造
8.	原料仓改造
9.	除尘改造
10.	冷却池
11.	除尘 -1 号高炉（强保）
12.	沉渣池 -2 号高炉（强保）
13.	风机房
14.	综合楼
15.	除尘 -1
16.	烟囱 -1
17.	转运站 -1
18.	转运站 -2
19.	除尘 -2
20.	烟囱 -2
21.	转运站 -3
22.	转运站 -4
23.	烟囱 -3
24.	除尘 -3
25.	破碎车间
26.	除尘 -4
27.	转运站 -5
28.	燃气调压站
29.	攀岩岩壁 -1
30.	攀岩岩壁 -2
31.	悬磁浮轨道模型
32.	热风炉
33.	一号高炉
34.	二号高炉
35.	天车梁
36.	高线栈道
37.	地下车库入口
38.	地铁 11 号线金安桥站
39.	新建办公楼
40.	新建公交用房

图 4-4-3　金安桥科技创意园区总平面图

0　　20　　　　50m

图 4-4-4　瞭仓入口处的市集活动　　　　　　　　　　图 4-4-5　傍晚周边居民在广场活动

4.4.2 设计策略

1) 遗存加固处理

改造工程首先对既有工业遗存进行了安全检测，发现问题：

- 多处建筑结构或构件抗震构造措施不满足现行规范：
  a) 原混凝土强度等级不足导致轴压比不满足规范最低限值；
  b) 框架柱、框架梁箍筋直径、间距等均不满足规范要求；
  c) 原有结构外墙强度很低，而且有开裂及变形。

- 框架梁、框架柱配筋强度不满足抗震计算需要。
- 根据建筑功能需要，增加夹层、增加楼层后不满足抗震计算需要。
- 部分构件及位置结构检测鉴定报告建议拆除或须针对性处理。

针对以上问题，需要对原有结构进行安全隐患消除和修复保护。如上文 a 类问题，原则上采取增大截面处理；b 类问题原则上使用整体包钢、粘钢处理，但此种类型单体抗震缺陷严重，且加固量较大；而 c 类问题则建议外墙整体拆除。此外，新结构应与原结构分离，采用与原结构完全不同的材料和工艺。改造过程尽量保留原有的工业建构筑物的规模和丰富的外部空间形态，也尽可能地将树木保留在了原址。金安桥加固及注意事项详见表3。

表3　金安桥部分遗存加固方式汇总表

单体名称	加固方式	备注
N3-4 转运站	梁柱包钢、柱在墙内加大截面处理	造价较高、加固量大、施工难度大
N4-4 转运站	外墙新做，内部加大截面	对外立面效果无影响
主电室	梁柱包钢	造价较高
A 区除尘	加大截面	—
D 区除尘	增设支撑	构造复杂、造价高
D 区、A 区料仓	梁柱包钢，仅保留外围框架柱，内部新增建筑；部分框架梁采用包钢	对建筑影响小
备件库	排架柱包钢	三面箍板加固

2) N3-4 与 N4-3 转运站的垂直加建

N3-4 与 N4-3 转运站位于金安桥科技创意园区西北部，紧邻利用 S1 号线高架下空间的极限运动公园，东侧为 C 区遗址公园，预计改造为办公功能，辅以部分配套设施。根据国家建筑工程质量监督检验中心提供的鉴定报告，转运站改造前外立面有不同程度破损（图 4-4-6）。建筑内部每层层高均不相等，大部分梁高大于 1 m，且部分楼层层高低于 4 m，建筑地下存在一跨地下室，层高 3 m 左右。建筑组合南侧五层位置及东侧六层位置现存通廊与外部建筑相连接。最大的问题主要是 N3-4 与 N4-3 两栋楼楼层高度不一。在改造使用上会有以下问题：

· 为处理高差，须增加室内台阶，导致使用面积减少、流线复杂，使办公品质降低；
· N4-3 加固量极大，在增加大量斜撑的同时，所有柱子截面须增大 200 ～ 300 mm，且部分梁也需要加固；
· 梁下净高不足，对室内装修也会造成影响，如空调等设备的管线接入等，与办公大空间划分的原则违背；
· N3-4 结构完整立面有特色，层高较 N4-3 更为理想，且临街展示面良好。

地块的容积率诉求需要在充分利用既有空间的基础上继续增容。在改造策略的选择上有两个维度的考量：一是受周边基地条件的限制（北侧紧挨建筑控制线，西侧为道路，东侧、南侧是既有工业遗存），因此无法进行水平方向上的扩建；二是须尽可能保留既有遗存外表皮的工业风貌，所以宜采取垂直向加建的方法。在与结构设备等专业及业主沟通后，确定保留 N3-4，而 N4-3 拆除后原址复建。具体策略如下：

图 4-4-6　N3-4 与 N4-3 转运站改造前外观

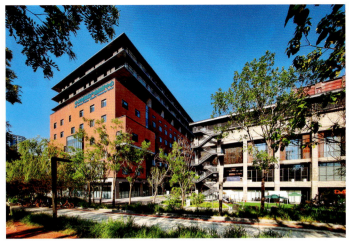

图 4-4-7　N3-4 与 N4-3 转运站改造后效果

图 4-4-8　N3-4 与 N4-3 转运站改造后北立面

- 顶部增加体量 - 增加办公面积，立面造型更加完整，新旧强烈对比；

- 植入中庭、边庭等公共空间，提升办公品质；

- 一至二层作为配套空间，引入大台阶上三层，充分利用原有无楼板空间；

- N4-3 体量拆除后复建，层高尽量与 N3-4 齐平：首层层高 5.8 m，可作为商业使用，由于 N3-4 结构及楼板保留利用，因此新建 N4-3 二至七层楼板较 N3-4 二至七层楼板高 200～300 mm，保护 N3-4 原有楼板；

- 原有 N3-4 部分层高较高，可作为共享空间使用。

综合以上，该项目采用垂直向上加建的更新设计策略，在原有转运站顶部加建新体量。在工业遗存的更新中，垂直向的发展作为较好的策略之一，其优点主要有两点：其一是"旧体"的留存，不仅使原有空间得到再利用，而且场所大环境得到最大限度留存；其二是在符合规划条件限高要求的基础上，项目最终增加了超过 4000 m² 的使用面积，建成后成为金安桥区域内单体建筑面积最大的项目，整体呈现出新旧对比强烈的立面效果，同时在人行尺度下的所见所感仍然是原汁原味的工业风。（图 4-4-7、图 4-4-8）

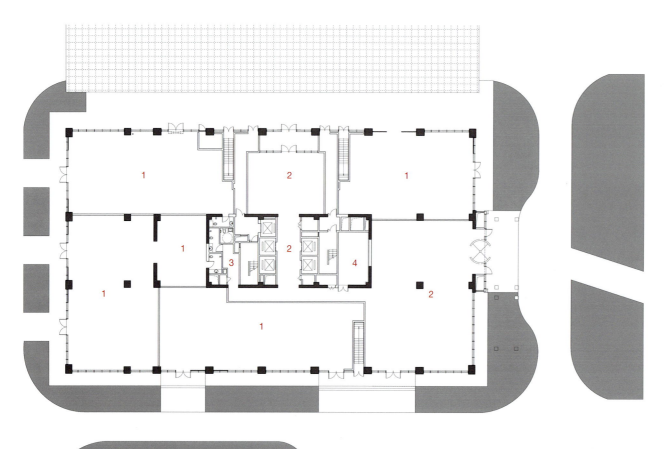

N3-4 与 N4-3 转运站首层平面图

1. 配套商业
2. 大堂 / 电梯厅
3. 卫生间
4. 设备

0 　　　 5 　　　 10m

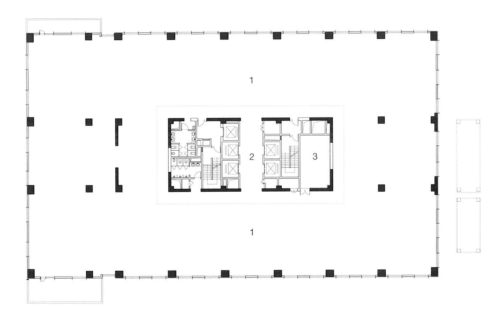

N3-4 与 N4-3 转运站五层平面图

1. 开敞办公
2. 大堂 / 电梯厅
3. 设备

0   5   10m

3) 一高炉 So Real 超体空间的科幻世界

一高炉位于金安桥片区西南侧，北至金安桥 A、C 区之间的规划道路，南至秀池南街，西至晾水池东路，东侧比邻二高炉，是整个首钢园区中心绿轴景观带与金安桥片区的核心交会处。一高炉始建于 1919 年，后经过多轮改造升级，最终于 2010 年 12 月停产。本次改造是在 1993 年原地大修改造基础上进行的；一高炉总高 104.4 m，半径 40 m，炉容 2536 m³。一高炉是首钢园城市设计中三个展示界面中工业遗产部分的重要节点[3]，是由筑境设计、首钢国际、深圳九天龙以及中国建研院合作设计，并联合当红齐天集团运营方共同携手打造成"一高炉 So Real 超体空间"。炉体内进行了炫酷的 VR、AR、全息影像等最前沿的创新科技技术改造尝试，包含沉浸式剧场、电竞等新消费、新业态呈现世界顶尖的沉浸式文化娱乐体验，为首钢、京西增添更多新鲜活力。一高炉超体空间成为集文化、科技、娱乐为一体的新型潮流综合乐园，这也将是全球首个文化科技赋能工业遗存的全新展示窗口。目前当红齐天集团 5G 边缘计算研发团队与内容开发团队将针对一高炉推出首个 5G + VR 大型线下体验，未来将在该乐园陆续部署 5G 边缘云 VR，用户们在乐园中可以体验到电影《头号玩家》中的无处不在 的极致沉浸式体验。项目的建成对于提升首钢园环境优势、吸引人流具有重要意义。（图 4-4-9）

---

[3] 根据《首钢高端产业综合服务区北区城市设计》相关内容，首钢园三个展示界面分别为长安街西延线城市风貌界面、永定河滨河生态界面以及园区内工业遗产风貌展示界面。

图 4-4-9　改造后的一高炉 So Real 超体空间夜景

设计针对一高炉作为首座改造为商业性质的高炉，注重强调对其内外部空间的梳理利用，结合原有工艺特点、空间属性置入高科技特性的新功能，可以说是将未来植入进工业遗产的一次全新尝试。对工业遗产由"生产"向"消费"的转化，完成新时代新背景下的浴火重生具有重要意义。具体设计策略主要体现在以下几个方面：

· 高炉内部空间的梳理，局部拆除炉芯，增设楼层，将高炉炼铁工艺大空间转换为适应娱乐功能的较高密度空间；
· 拆除、整理、部分重构原高炉附属设备设施，保留原有工业建筑遗产风貌的同时引入符合时代特征、功能特征的造型元素；
· 合适的立面设计及材料选择。

改造后，一高炉的裙房北侧为 VIP 入口及服务于餐厅的厨房区域；炉本体内北侧重力除尘平台下方为秀场辅助用房及设备机房；二层高炉本体北侧为秀场主厅，中部为秀场出入口、乐园出口大厅，南侧为乐园主厅；裙房南侧为商业，北侧为餐厅；三层高炉本体北侧为秀场楼座，中部为乐园入口大厅，炉芯内部设炉芯咖啡，南侧为乐园副厅，通过上空与下方主厅在空间、视觉上连为一体；裙房北侧为商业，南侧为二层商业上空空间；四、五层高炉本体内拆除炉芯，设置乐园 PVP、PVE VR 虚拟对战区及数字攀岩区，南侧布置部分游乐器械；六层为光影展厅及 VR 数字影厅，并有旋转楼梯直通炉顶平台；41 m 标高炉顶平台设置屋顶露天酒吧。

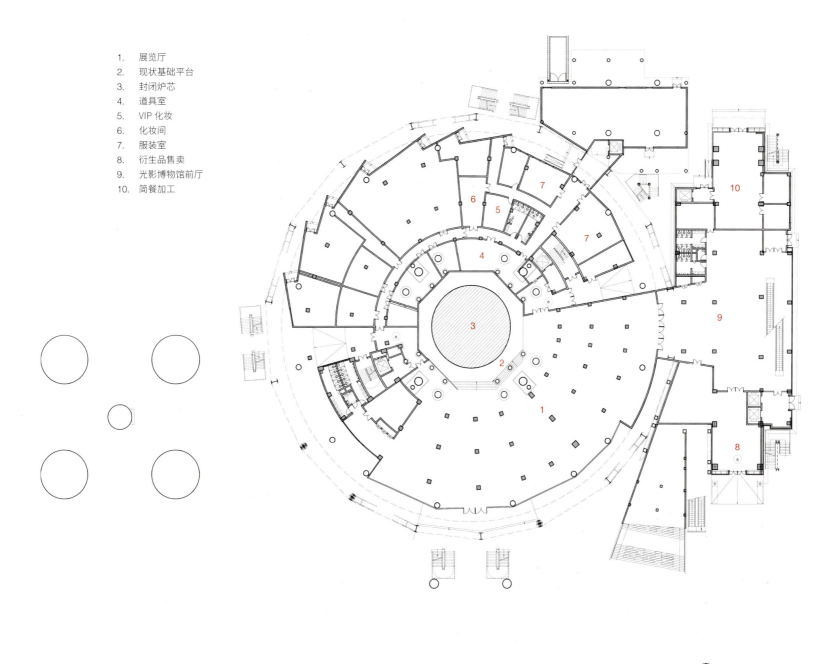

1. 展览厅
2. 现状基础平台
3. 封闭炉芯
4. 道具室
5. VIP 化妆
6. 化妆间
7. 服装室
8. 衍生品售卖
9. 光影博物馆前厅
10. 简餐加工

一高炉首层平面图

0   5   10m

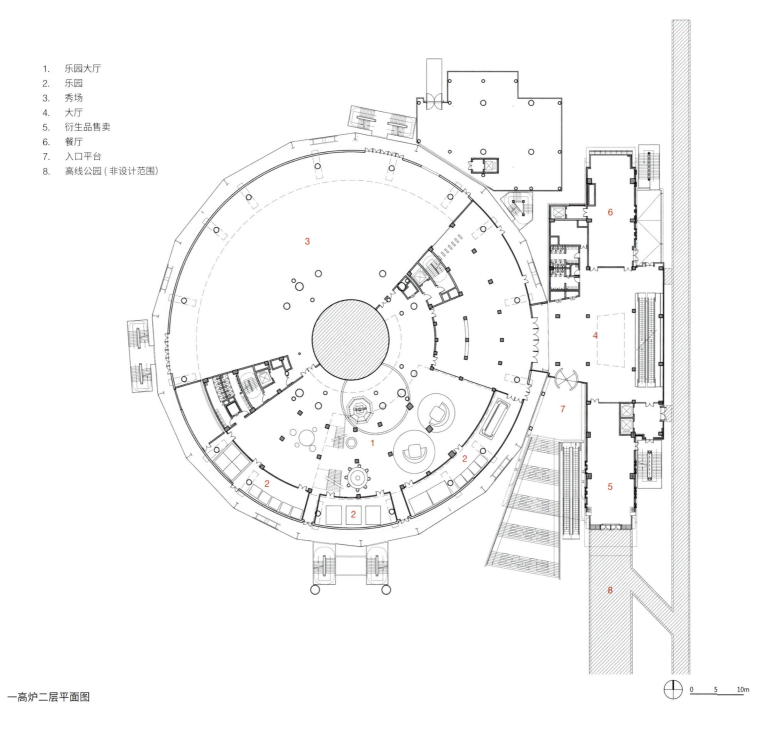

1. 乐园大厅
2. 乐园
3. 秀场
4. 大厅
5. 衍生品售卖
6. 餐厅
7. 入口平台
8. 高线公园 (非设计范围)

一高炉二层平面图

0　　5　　10m

1. 展览厅
2. 道具
3. 秀场
4. 乐园大厅
5. 乐园
6. 休息区
7. 攀岩区
8. 光影展厅

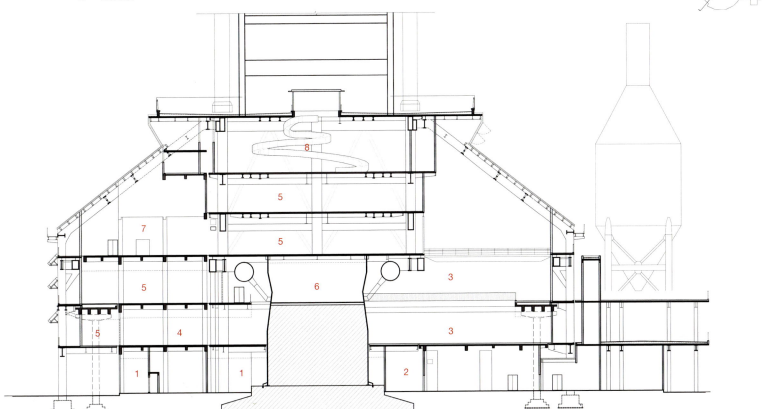

一高炉剖面图

4) 交通服务

除"小街区密路网"的设计外，首钢园区还规划了多层级多维度的公共交通服务。首钢园区位于长安街西延线，距离天安门仅约 16 km，毗邻新首钢大桥；北京轨道交通 1 号线、6 号线、11 号线、S1 线及 R1 线共五条地铁线路在园区交会，11 号线西段中有三站位于新首钢园区，均为首批地铁微中心车站，而其中金安桥站是汇聚地铁 6 号线、11 号线、S1 线的交通枢纽。金安桥区域除了交通换乘外，还新增了其他社会服务系统和配套设施。连接园区各大站点均设有摆渡车，有效完善整体交通体系，助力高速通达城市核心，促进园区长期稳定发展。

4.4.3 设计过程

金安桥科技创意园区的整体结构为**两带一环**。

1) 高线公园带

由原通廊与高台形成的线性高线公园形成园区的核心空间，北侧向极限公园延伸，南面连接焦化厂址园区，打造园区创意展示廊道。（图 4-4-10）

2) 高炉文化共享带

由一、二、三号高炉组成文化展示共享带，西侧延伸至秀池水环南岸，东南延伸至除尘罐体前的创意核心展览广场。（图 4-4-11）

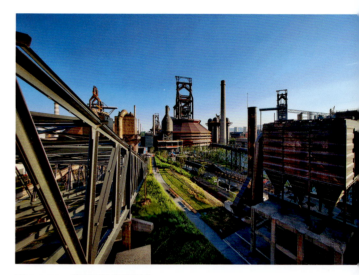

图 4-4-10　公园绿地廊道延伸

图 4-4-11　并置的一、二高炉

3) 场地公园环

连接各区主流线，直接接触场地入口；各区的配套商业功能布置在环路两侧，形成可观的观光游憩环空间。（图 4-4-12）改造后金安桥片区包括科幻数字艺术体验、极限运动、商务办公、餐饮零售、TOD 交通换乘、博物馆、文化创意、绿地广场、休闲娱乐、停车场等功能。（图 4-4-13~ 图 4-4-15）

图 4-4-12　片区内的绿地及遗存结构

图 4-4-13　商务办公区域

图 4-4-14　文化创意区域

图 4-4-15　瞭仓东侧休闲广场

图 4-4-16　瞭仓沉浸式数字艺术馆西立面

4.4.4 使用效果

2022 年 6 月，首钢金安桥交通一体化工业公园全面竣工，片区内 9 个单体项目全部完成改造升级，而其中被诸多游客所熟知的 "瞭仓沉浸式数字艺术馆"，就是由 A 区的上料系统 N4-2 转运站及除尘厂房改造而成的（图 4-4-16）。目前，"瞭仓" 是一座沉浸式综合商业场馆，内部共四层，主营沉浸式光影文化展览，同时配套有餐饮、酒吧、阅读、潮玩等消费业态，由北京亚太文融数据技术研究院运营。而瞭仓北侧的 N3-4 与 N4-3 转运站，其近 2 万 m² 的建筑面积经过改造后变身中关村科幻产业创新中心，成为首钢园的科幻 "大本营"，目前作为首批北京市引领类标杆孵化器之一，已聚集硬科幻创作和硬科技创新企业 60 余家。（图 4-4-17）

图 4-4-17 N3-4 与 N4-3 转运站
与瞭仓（N4-2）改造前后对比

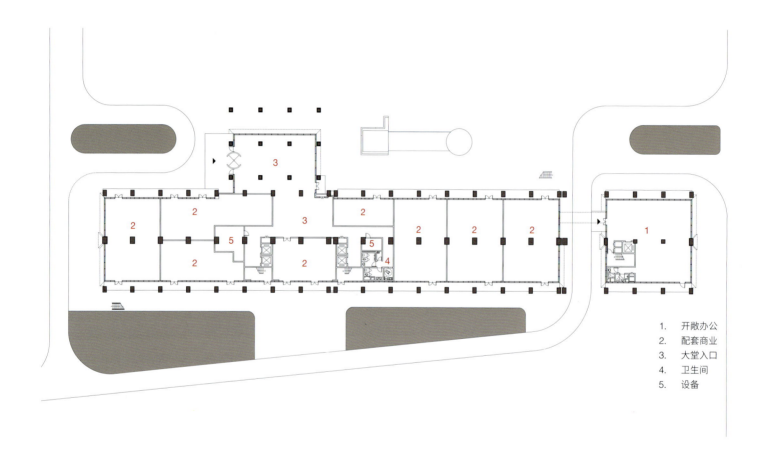

上料系统 N4-2 转运站与除尘改造首层平面图

1. 开敞办公
2. 配套商业
3. 大堂入口
4. 卫生间
5. 设备

0　　　5　　　10m

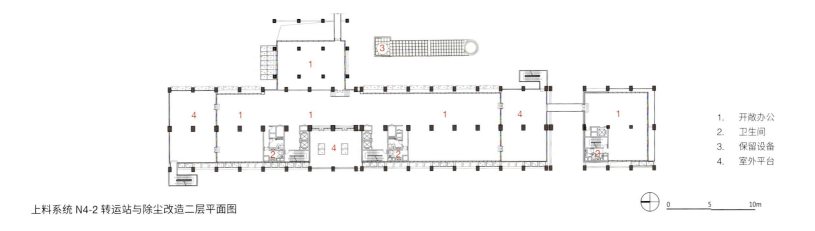

上料系统 N4-2 转运站与除尘改造二层平面图

1. 开敞办公
2. 卫生间
3. 保留设备
4. 室外平台

0   5   10m

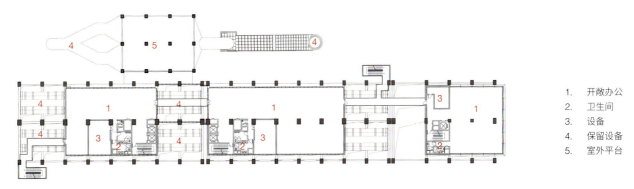

上料系统 N4-2 转运站与除尘改造三层平面图

1. 开敞办公
2. 卫生间
3. 设备
4. 保留设备
5. 室外平台

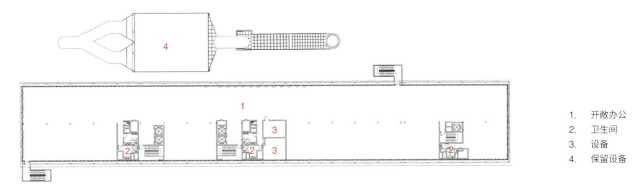

上料系统 N4-2 转运站与除尘改造四层平面图

1. 开敞办公
2. 卫生间
3. 设备
4. 保留设备

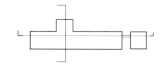

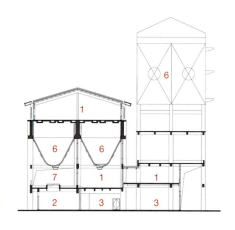

1. 开敞办公
2. 配套商业
3. 大堂入口
4. 卫生间
5. 设备
6. 保留设备
7. 室外平台

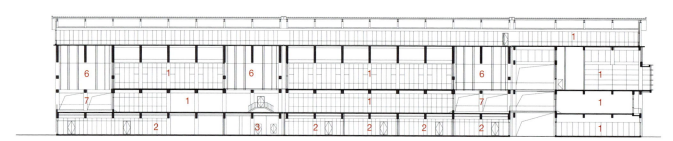

上料系统 N4-2 转运站与除尘改造剖面图

0   5   10m

图 4-4-18　B 区首钢极限公园

图 4-4-19　C 区鸟瞰

图 4-4-20　D 区改造建筑

图 4-4-21　D 区保留工业桁架

图 4-4-22　D 区办公建筑

图 4-4-23　D 区保留工业设备

图 4-4-24　一高炉及周边环境

位于项目北端的 B 区为首钢极限公园，早在 2020 年 10 月便建成投用，为周边居民和极限运动爱好者服务（图 4-4-18）；C 区作为金安桥片区中心地带，多座转运塔、运输轨道框架等予以保留并修缮，打造为工业遗址体验公园（图 4-4-19）。东南侧的 D 区曾是老厂的炼铁区域，饱含浓浓的工业风，这里斑驳的工业遗存现今变身为五栋高端办公用房与办公配套商业用房。地铁金安桥站的出入口就设置在 D 区，从地铁站出来到首钢园不到 5 分钟。（图 4-4-20 ～图 4-4-23）

一高炉改造后首层主要功能区为高炉本体南侧延伸到裙房中部的展览区及裙房南侧的 配套商业。建成后，这里被打造为华北最大的虚拟现实体验中心，成为首钢园规划中的 集文化交流、展示、传播、教育和孵化于一体的全国最高等级电竞产业平台的启动项目。自 2020 年起，一高炉成为"中国科幻大会"连续三届的主要举办地，2023 年 6 月更是成功举办了元宇宙产业峰会，标志着这里成为中国数字经济、科幻产业的核心平台。（图 4-4-24）

随着一系列促进科幻事业和产业发展的举措落地，首钢所在的石景山区出台了国内首个针对科幻产业量身定制的扶持政策，全面助力打造金安桥科技创意园区，建设百年钢厂的"科幻之城"。此举也吸引了多家餐饮、教育、文化体验、潮流艺术等配套品类 IP 入驻，相信未来这里将崛起成为京西一座文化与科技相融合的产业之城。（图 4-4-25、图 4-4-26）

图 4-4-25　转运站与瞭仓夜景

图 4-4-26　瞭仓入口处

4.5 城市综合服务：服贸会首钢园会场

2020 年 12 月，我们接到一项任务，对首钢园区南区闲置厂房临时性利用（图 4-5-1），改造为服贸会展厅进行可行性研究。空间的研究和选址工作数易其稿，繁复的信息来来往往，似乎一直没有被确认下来。在一座日新月异的工业遗址复兴公园中兴办展会，想象中附着了太多愿景与期待，设计的过程看似挑战重重，却让人几乎无法拒绝（图 4-5-2）。

4.5.1 展会与城市关系的再审视

大事件作为催化触媒，在更新进程中扮演了极其重要的角色。明确冬奥组委落户首钢后的第一个五年周期中，在"冬奥 IP"及"首钢百年庆典"的强力主推下，园区更新在经历了十年的瓶颈期后全面加速。2020 年年末疫情来袭，在艰难的恢复当口中，首钢也在为更新的第二个五年寻求持续性动能。引入服贸会，以展会保持园区曝光、以展会服务业态资源的导入助力更新，这一可持续的更新策略也在此时逐渐清晰起来。

纵览中国当下的各类大型展会，以中国国际展览中心、上海国家会展中心等为代表，都选择了效率优先的集中式场馆布局，采用封闭式观展模式，展馆尺度巨大。而作为国内重要的大型展会，中国国际服务贸易交易会（简称"服贸会"）聚焦"服务贸易"，展品贴合生活日常，更多关注于对人的使用服务展示，这一点上与"进博会""广交会"明显不同。这样的差异化定位，令本届服贸会的选址同样拥有了更多差异化的视角。

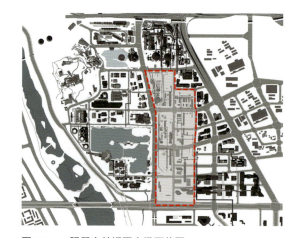

图 4-5-1 服贸会首钢园会场区位图

图 4-5-2　服贸会南侧首钢东门广场

在大事件有机促动城市发展建设的常态趋势下，传统展会中空间尺度过大、与城市尺度不协调、观展者行进距离长且观感乏味、展会场所内的"活动"与"城市"关系疏离等问题也逐渐突出，展览与城市、空间与在场、观展与体验等一系列矛盾需要重新审视与化解。大型展会作为激发城市发展、建设的催化剂，应当成为一座城市的文化纽带存续下去，而非一次性、不可逆。国际上已有一些会议导向的大型展会经验，其共同特点是内部的交通都与城镇本身紧密关联，使展会活动与城市生活相互渗透，也让展会人流与城市本身的活力并存。如瑞士达沃斯会议小镇、美国格林威治金融小镇和拉斯维加斯消费类电子产品展（CES），都是将会展与城镇融合，让人们在参会观展的同时可以体验城镇的差异化特色。

由此，当人们对于"展会"的定义将不再限制于曾经熟知的"封闭场馆"，会展业的建设也必然会由增量逻辑引导的"占地与空间的扩张"转向存量逻辑下演绎的"内容与文化的存续"。"展"可以更多融入"城"中，以展促城，展城一体（图4-5-3、图4-5-4）。

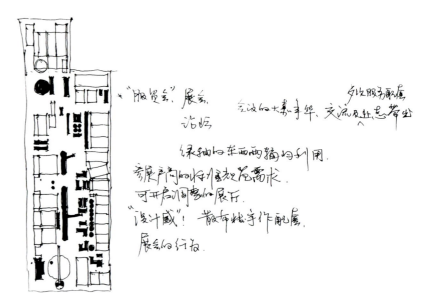

图 4-5-3　概念草图

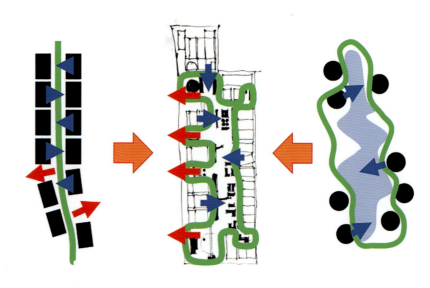

图 4-5-4　达沃斯小镇、首钢服贸会、格林威治小镇三种模式的对比

图 4-5-5　服贸会开放展厅

4.5.2 "逛公园、看服贸、迎奥运"

除受众面的逐渐大众化之外，服贸会在形式上也不断寻求新的可能。今年的服贸会首次在国家会议中心和首钢园设置了双会场，其中，首钢园展区的规划布局也呈现了清晰的空间叙事转变——从"集中封闭"转向"聚落开放"。整体空间设计由单一的室内场馆转向多点室内外结合的场地环境，场馆、会场与首钢工业遗存景致交相呼应，为与会者创造出独特的体验，也推动了服贸会的转型（图 4-5-5）。

历经多次调整后，最终结合北区已建、在建建筑，并适配展会增建临时展厅的"北区优先"选址思路成为主导。2021 年 2 月，"分散聚落式布局 + 漫游沉浸式观展"的展会模式被正式确定。设计将在北区工业遗址公园内，结合原规划绿化中轴空间搭建临时展馆，并充分利用北区已建建筑物内会议空间进行分散化会议布局（图 4-5-6）。

图 4-5-6 服贸会展时鸟瞰效果图

图 4-5-7　服贸会南登录厅

图 4-5-8　服贸会文旅服务展厅

服贸会在工业遗址公园北区，利用原有焦化厂中央绿轴区域打造展会的布局主轴，形成"一轴、四廊、多点"的规划结构。此次服贸会首钢园区共建展馆 9.4 万 m²，其中包括可拆卸的主登录厅、临时展馆 3.78 万 m²，另有两座开放式膜结构展馆共 0.9 万 m²。

然而，为迎接 2022 年冬奥会的到来，北区的建设施工正如火如荼，组织和建设压力极大，在这样的"大工地"里办展，看似是一项不可完成的任务。但决策会议仅过去七个月，在"首钢速度"的加持下，服贸会于 2021 年 9 月 3 日如约而至。独具特色的"聚落式"展会，"步入 + 体验"的创新设计思路，在已经勃发生机的工业遗存复兴公园又一次焕发出崭新活力。（图 4-5-7~ 图 4-5-9）

图 4-5-9　开放展厅膜结构

图 4-5-10　1#焦炉

图 4-5-11　焦炉区域中轴空间

4.5.3 漫游沉浸式观展

展馆呈"聚落式"形体面向既有工业遗存"核心"进行布局，原焦化厂区域保留了炼焦区、推焦区空间整体肌理，两组炼焦炉、三座息焦炉、八座储煤筒仓、两座推焦车及一系列配套厂房仓库等遗存设施也被悉数保留。中央遗存区的各类小尺度厂房被更新为会议、餐饮和服务设施，巨大的筒仓、四号高炉和众多烟囱，既展现了工业建构筑物的宏大和力量，同时又成为服贸会极具特色的广告展示空间。展会优先使用园区内的已建设施，整体展馆使用率达 95% 以上。服贸会首钢园区设有会议场地 17 处，共计 25 间会议室，以群明湖大街为界分为东、西两区，散布在园区大量已建建筑内，呈现一种"弥漫式"布局。东区主要依托博物馆仓库、修理车间、刀具车间等保留工业遗存，适当结合加建会议室后形成会议东组团；西区充分利用 3350 车间腾讯演播厅、香格里拉酒店、假日酒店秀池店、红楼迎宾馆、三高炉国际报告厅、北七筒红盾大数据中心等已建建筑物，构建会议西组团。（图 4-5-10、图 4-5-11）

主要展厅采用轻质装配式钢结构，利于快速施工的同时，也为展会结束后的便捷拆卸、未来循环利用留下了伏笔。熟褐色的多联双坡屋面呈现了工业建筑的基础色彩与风貌特征，也和西区的国家体育总局训练中心建筑群取得形式语言的一致性。

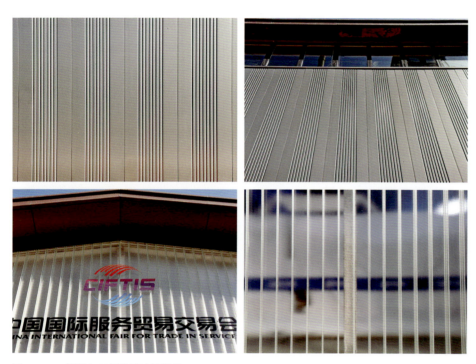

图 4-5-12　钢板与 U 形玻璃立面效果

山墙主立面采用超白 U 形玻璃与彩釉镀膜 U 形玻璃的组合，为展区外部空间赋予活泼的立面色彩及表情。侧墙的淡灰色彩钢板和金属格栅则体现了一种简洁高效的工业美学特征。展厅临时建筑除 U 形玻璃外均由首钢自产钢材钢板建造完成，也体现了其主业产品的质感和多样性（图 4-5-12）。

原设计中"服贸之森"伞形开放式登录厅因工期紧张而未能实施，但最终实施的六连拼的双坡开放式登录厅也采用了类似中国传统木构建筑特有的柱、梁、椽、檩、挂等形式语汇，表达出了富有文化特征的精细品质感（图 4-5-13）。

交通方面，园区充分利用并优化周边城市交通条件，与会者可通过自驾或园区地铁摆渡车到达会场，然后乘坐园区的无人驾驶接驳车，真正做到园区与展会、展会与城市的有机结合。

图 4-5-13　"服贸之森"设计效果图

4.5.4 以发展的目光立足当下

自落成以来，除了一年一度的服贸会，园区还承办了如中国国际社会公共安全产品博览会、中国国际警用装备博览会、国企消费季、北京精酿啤酒节等各类活动，营造展销一体化现代服务场景，满足各类客户需求。首钢园丰富工业遗存风貌与现代展会功能的融合，注重人与环境的互动性与展会的游历感，呈现一场精彩纷呈的新奇体验，让人们在沉浸式、聚落式的会展空间中感受工业风貌与历史文脉的延续。（图 4-5-14、图 4-5-15）

在园区产业落位层面，展会盘活提升了区域产业的丰富度和系统性。未来首钢将聚焦服务业，继续提供科创孵化、文创生活、电子竞技、弹性展览、综合配套等服务，维持区

图 4-5-14　从南登录厅远眺新首钢大桥

图 4-5-15　服贸会入口

域化的全时活力，促进园区的可持续发展。这些都是复兴公园里的"新"服贸会，留给首钢、留给城市的重要的文化遗产。2026年，服贸会在园区五年运营周期结束后，大部分装配式的钢构零件可在园区其他地方再根据需要进行重复利用，膜结构等临时建筑也将被拆除。届时，"绿轴"将作为公园重新归还给城市，也为首钢下一阶段的更新改造利用探索新的可能。

此次服贸会的突破，也是中国游走式城市展会范型的大胆 尝试。相信不久的将来，具有"游走"属性的展会，将越 来越彰显其人性化空间与多样性服务等特性。"展城融合、 产城互动"，具有强烈"城市"属性的公园聚落式展会也将迎来全球的青睐。（图 4-5-16~ 图 4-5-19）

图 4-5-16　四号高炉夜景

图 4-5-17　五号焦炉夜景

图 4-5-18　服贸会商业效果图

图 4-5-19 　服贸会张拉膜效果图

5

TOWARDS THE FUTURE:
THE VISION OF "INDUSTRY+,
LIFE+" IP COMMUNITY 4.0

进阶未来："产业 + 生活 +"
IP 群落 4.0 的展望

总体来看，首钢园区更新是由大事件导向推动的；虽然类似冬奥这样的顶级 IP 难以复制，但差异化的园区完全有机会结合城市特征创造城市大事件或文化大事件，并以此作为行之有效的更新引擎。深圳双年展"城市文化 + 产业"模式就是很好的工业遗存产业活化激活城市的榜样。

首钢园区结合其工艺特征呈现的规划布局和适配钢铁业特色产业空间的特色产业组合模块值得充分梳理并整合固化，比如结合超大超长空间（炼钢、轧钢）设置的相似产业链条的办公产业集群模式、结合超长空间（精煤、储煤）设置的"体育 +"产品线、结合高大空间（高炉、储料仓）设置的"演艺 +"产品线、结合高大空间（料仓、风机房）设置的"创意 +"办公产品线等，都是能有效复制、嫁接的业态组合。

如果能推动目前已经在园区运营的相关运动、艺文、创意、媒体、商业、科技总部公司等复合业态缔结战略合作并形成稳定的供应商产业链集群，同时整合上游对存量开发遗存更新有兴趣的金融资本，整合下游熟练掌握工业遗存更新施工且掌握特殊工法的建设团队协同输出，则非但"首钢园"的符号文化必然可以成为全国乃至世界顶级的产业更新 IP，首钢集团也完全可以成为顶级工业遗存更新城市运营服务商。

独立文化品牌 IP 的价值营造和场景建构，已成为首钢园区在后奥运周期的核心发力和关注点。园区及周边区域依托京西特有的大山大水的生态底色、奥运遗产的独特魅力，自身产业空间特色、文化特征，结合北京的首都城市文化能级，正在勾勒愈发清晰的 IP 画

图5-1 首钢"三产 三态 一社区 一平台"的产业定位

像。园区通过有效宣传、持续曝光、精耕细作、悉心运营，持续做大做强"首钢园"的文化IP，在其IP统领下的产业物业都能获得品牌IP能效放大下的溢出红利效应，这一点在持有运营的工业遗存更新实践中尤为重要，其创造的价值从长远来说会形成难以估量的规模。在超级IP的价值引领下，其对应的更新、宣传、管理、运维也会水到渠成地成为一种模式效应，鼓舞众多工业遗存更新放弃短视、迎难而上，从根本上迎来存量发展、百花齐放的春天。从探月工程项目落地，到多家航空航天智能智造企业进驻，再到知名高等院校航天产业实验平台的推出，园区在后奥运周期除了不断提升城市文化、商业、体验业态的能级，同时也吸引着众多顶尖的新兴科技创新型产业的迅速聚集，充分印证了超级文化IP的超级号召力（图5-1）。如今，园区已吸引超过270家企业进驻，独创IP产品80余类，注册资本达400亿人民币。2020年5月开放至今累积入园客流量超过1100万人次，实现跨越式增长。"看得见山、望得到水"的首钢园区，不仅"产业有聚集""体验有特色"，而且"文化有魅力""生活有温度"。目前，首钢园区正在进阶"产业＋生活＋"IP群落4.0的道路上稳步前行。（图5-2）

图 5-2　自群明湖向北远眺首钢

6

CONSTRUCTION

实施建造

6.1 西十冬奥广场
施工记录

1. 2016 年 3 月，N3-3 拆除完成
2. 2016 年 7 月，N3-3 钢结构加固完成
3. 2016 年 8 月，新建钢结构施工
4. 2016 年 8 月，新建钢结构施工 2
5. 2016 年 10 月，二次砌筑施工
6. 2017 年 1 月，幕墙施工
7. 2017 年 5 月，幕墙施工
8. 2017 年 6 月，幕墙封闭

N3-3

1. 2016 年 7 月，结构加固施工
2. 2016 年 8 月，新建钢结构施工
3. 2016 年 11 月，完成二次砌筑，幕墙进场
4. 2017 年 1 月，幕墙施工
5. 2017 年 4 月，塔楼幕墙施工，新建会议中心土建施工
6. 2017 年 8 月，幕墙整体封闭

1. 2016 年 1 月，联合泵站拆除完成
2. 2016 年 1 月，联合泵站拆除完成 2
3. 2016 年 8 月，联合泵站基础加固
4. 2016 年 10 月，保留结构加固
5. 2016 年 10 月，保留结构加固 2
6. 2017 年 3 月，土建二次砌筑
7. 2017 年 3 月，土建二次砌筑 2
8. 2017 年 7 月，幕墙施工

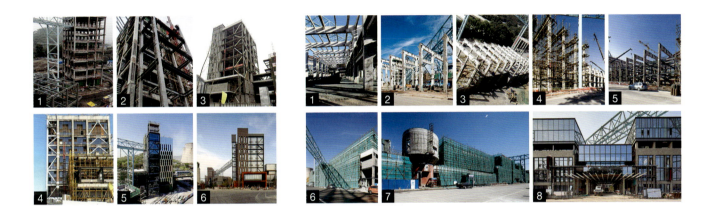

N3-2

联合泵站

2016

2017

2018

2019

2020

2021

1. 2016 年 1 月，餐厅改造前
2. 2016 年 7 月，钢结构施工完成
3. 2016 年 10 月，土建施工
4. 2017 年 2 月，土建二次砌筑
5. 2017 年 7 月，幕墙封闭

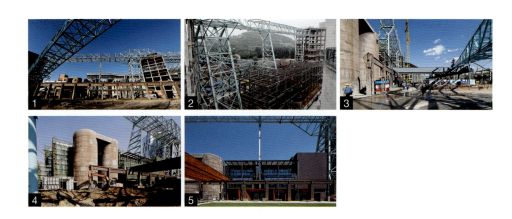

员工餐厅

1. 2016 年 4 月，干法除尘改造前
2. 2017 年 5 月，干法除尘加固
3. 2017 年 7 月，干法除尘外立面处理

星巴克

2016

2017

2018

2019

2020

2021

6.2 国家体育总局冬季训练中心施工记录

1. 2017 年 3 月，精煤车间保护性拆除
2. 2017 年 4 月，结构基础加固
3. 2017 年 5 月，保留结构与新建钢结构施工
4. 2017 年 5 月，保留结构与新建钢结构施工 2
5. 2017 年 5 月，新建钢结构屋面桁架施工
6. 2017 年 6 月，保留结构与新建钢结构施工
7. 2017 年 9 月，冰场地面制冰设备施工
8. 2017 年 11 月，二次砌筑施工
9. 2017 年 12 月，幕墙施工
10. 2018 年 3 月，屋面光伏板施工
11. 2018 年 4 月，冰场设备夹层施工

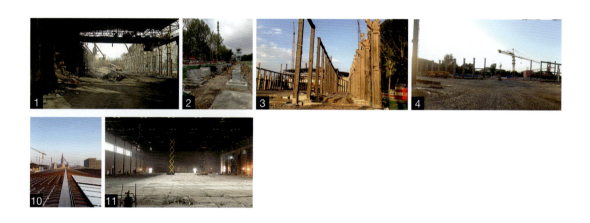

精煤车间

2016

2017

2018

2019

2020

2021

6.3 六工汇施工记录

1. 2020年6月整体结构出地面
2. 2020年7月地上结构部分施工

1. 2019年10月，剧场原门头
2. 2019年10月，剧场原沿街立面
3. 2019年12月，剧场内部拆除
4. 2020年5月，剧场外墙原饰面层处理做法论证
5. 2020年7月，剧场内部拆除
6. 2020年7月，剧场屋盖拆除
7. 2020年7月，剧场屋盖拆除2
8. 2021年3月，拆除原剧场屋架
9. 2021年3月，剧场门头加固
10. 2021年3月，剧场外墙加固

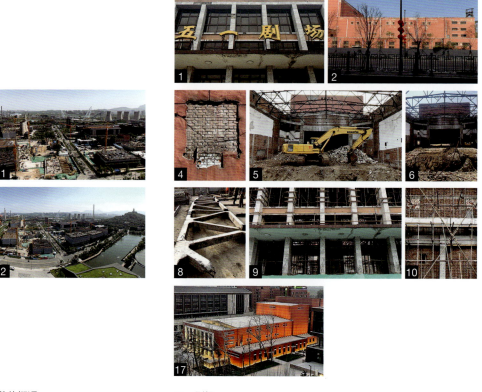

整体概况　　　　　　　　五一剧场

11. 2021 年 3 月，剧场舞台区加固
12. 2021 年 3 月，剧场新建部分土建部分完成
13. 2021 年 3 月，外墙清理，门头支护
14. 2021 年 5 月，剧场新建部分幕墙安装
15. 2021 年 6 月，剧场门头幕墙施工
16. 2021 年 8 月，剧场门头改造完成
17. 2022 年 4 月，剧场完成

2018

2019

2020

2021

2022

2023

1. 2018 年 10 月，改造前墙体
2. 2018 年 10 月，现场踏勘外部环境
3. 2018 年 10 月，现场踏勘外墙
4. 2018 年 10 月，澄清池内部结构
5. 2018 年 10 月，改造前内部
6. 2019 年 10 月，保留原加速澄清池
7. 2019 年 10 月，保留原加速澄清池 2
8. 2019 年 10 月，保留原加速澄清池 3
9. 2019 年 12 月，原加速澄清池屋面
10. 2020 年 7 月，原加速澄清池消隐拆除

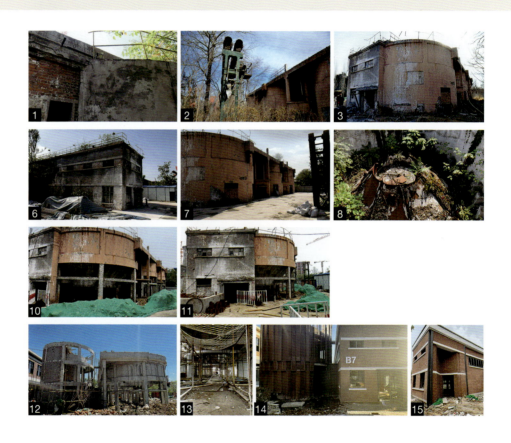

加速澄清池

11. 2020 年 7 月，原加速澄清池消隐拆除 2
12. 2021 年 5 月，加速澄清池结构加固完成
13. 2021 年 8 月，加速澄清池二次砌筑施工
14. 2021 年 8 月，加速澄清池外围护完成
15. 2021 年 8 月，原加速澄清池外围护完成

2018

2019

2020

2021

2022

2023

1. 2018 年 9 月，沉淀池原状
2. 2018 年 9 月，沉淀池原状 2
3. 2018 年 9 月，沉淀池原状 3

1. 2019 年 12 月，原保留冷却塔
2. 2020 年 7 月，冷却塔内部拆除
3. 2020 年 7 月，冷却塔内部拆除 2
4. 2020 年 9 月，冷却塔立面修缮

沉淀池

冷却塔

1. 2018 年 4 月，7000 风机房原状
2. 2018 年 7 月，7000 风机房原状
3. 2018 年 7 月，7000 风机房原状 2
4. 2019 年 10 月，7000 风机房非保留部分拆除
5. 2020 年 11 月，7000 风机房拆除工作完成
6. 2021 年 1 月，7000 风机房外墙加固
7. 2021 年 3 月，7000 风机房内部新建结构施工
8. 2021 年 3 月，7000 风机房屋架施工

9. 2021 年 4 月，7000 风机房西侧新建部分二次结构施工
10. 2021 年 5 月，7000 风机房内部新建部分二次结构施工
11. 2021 年 6 月，室内精装施工
12. 2021 年 8 月，7000 风机房室内精装施工

2018

2019

2020

2021

2022

7000 风机房

2023

六工汇购物中心

1. 2018 年 7 月，二泵站原状
2. 2018 年 8 月，二泵站原状
3. 2018 年 11 月，二泵站原状
4. 2020 年 7 月，木屋架修整加固
5. 2020 年 11 月，木结构屋面修整完成
6. 2020 年 12 月，基础加固
7. 2020 年 12 月，木结构屋面修整完成
8. 2021 年 4 月，混凝土结构加固
9. 2021 年 5 月，设备管线地沟施工
10. 2021 年 7 月，幕墙施工
11. 2021 年 7 月，幕墙施工 2

第二泵站

1. 2019 年 12 月，新建地下室基坑施工
2. 2020 年 1 月，地下室基础施工
3. 2020 年 4 月，新建部分出地面
4. 2020 年 6 月，幕墙实体样板
5. 2020 年 7 月，新建部分地上结构施工
6. 2020 年 12 月，塔楼幕墙龙骨施工
7. 2021 年 3 月，天窗幕墙安装
8. 2021 年 3 月，天窗幕墙安装 2

9. 2021 年 4 月，塔楼大堂精装龙骨施工
10. 2021 年 5 月，幕墙施工
11. 2021 年 5 月，塔楼幕墙施工
12. 2021 年 6 月，室内精装施工
13. 2021 年 7 月，幕墙施工

2018

2019

2020

2021

新建部分

2022

2023

附录

冬奥组委办公园区

项目地点：北京市石景山区首钢园北区

项目业主：北京首钢建设投资有限公司

创作时间：2016.3—2016.10

建成时间：2017.8

项目规模：8.7 万 m²

建筑结构：框架结构、钢结构

项目业主：北京首钢建设投资有限公司

业主设计管理团队：王世忠、刘桦、金洪利、王达明、白宁、段若非

设计单位：筑境设计、北京首钢国际工程技术有限公司

项目负责人：薄宏涛、朱江、李慧

方案（筑境设计）：薄宏涛、蒋珂、朱江、张洋、王增、范丹丹、辛灵、俞鹏伟、
　　　　　　　张泳强

建筑（筑境设计）：薄宏涛、赵嘉康、朱江、张洋、高巍、张志聪、陈玮楠、邢紫旭、朱雪云、
　　　　　　　范丹丹、蒙治银、张泳强

结构机电（北京首钢国际工程技术有限公司）：侯俊达、袁文兵、陈罡、李慧、袁霓绯、
　　　　　　　张悦、王洪兴、林莉、王静、宋鹏宇、于立峰

景观设计（北京清华同衡规划设计研究院有限公司）：朱育帆、姚玉君、孟凡玉、田锦、
　　　　　　　赵佳萌、朱思羽、常湘琦、高露凡、易文静、孙宇彤、王晓玲、于淼、鲁键盈、
　　　　　　　张瑾渝、张皓、李燕、何晓红（结构）、张跃（水）、张美霞（电）

照明设计 [清华大学建筑学院张昕工作室，同原（北京）照明设计有限公司]：张昕，韩晓伟，
　　　　赵晓波，王丹，周轩宇，牛本田

冬奥广场料仓办公楼：华清安地

南六筒仓办公楼：华清安地、英国思锐、比利时戈建筑设计

倒班宿舍及能源楼：中国建筑设计研究院李兴钢工作室设计

星巴克冬奥园区店

项目地点：北京市石景山区首钢园北区

建筑面积：378.5 m²

创作时间：2016.10—2017.4

竣工时间：2017.12

建筑设计：筑境设计

方案主创：薄宏涛、蒋珂

结构机电：北京首钢国际工程技术有限公司

景观设计团队：易兰（北京）规划设计股份有限公司

业主设计管理团队：王世忠、刘桦、金洪利、王达明、段若非

室内设计：星巴克室内设计团队

北七筒

项目地点：北京市石景山区首钢园北区

建筑面积：12105 m²（其中 4 号筒 805 m²）

项目时间：2016.9—2020.7

客　户：北京首钢建设投资有限公司

主创团队：

　　筑境设计：

　　　　主创建筑师：薄宏涛

　　　　建筑设计团队名单：薄宏涛、蒋珂、高巍、张志聪、邢紫旭、谢维、姜涛

　　北京首钢国际工程技术有限公司：

　　　　侯俊达、王兆村、陈罡、李慧、章万军、贾玉鑫、袁霓绯、邓尤贵、张主温、高占阳、

　　　　张悦、陈喜雷、张诚、王雪飞、刘克清、代为民

4 号筒后续由清华大学清城睿现数字科技研究院投资、设计、建设及运营

合作方：

　　景观设计：易兰（北京）规划设计股份有限公司

　　室内设计：北京清尚建筑设计研究院有限公司

　　幕墙设计：中国联合工程有限公司

　　照明设计：上海麦索照明设计咨询有限公司

　　施 工 方：北京首钢建设集团有限公司

精煤车间

项目地点：北京市石景山区首钢园北区

设计单位：筑境设计

业　　主：北京首奥置业有限公司

项目周期：2016.12—2018.6

用地面积：48673 m²

建筑面积：25265 m²

主持建筑师：薄宏涛

建筑设计：高巍、张志聪、邢紫旭、金磊

合作设计：北京首钢国际工程技术有限公司

结构与机电设计：北京首钢国际工程技术有限公司

景观设计：易兰（北京）规划设计股份有限公司

室内设计：北京清尚建筑设计研究院有限公司

泛光照明：上海麦索照明设计咨询有限公司

竞赛照明：昕诺飞（中国）投资有限公司

施工单位：北京首钢建设集团有限公司

冰球馆

项目地点：北京市石景山区首钢园北区

设计单位：筑境设计

主持建筑师：周旭宏、杨嘉

项目周期：2016.9—2018.12

用地面积：48784.6 m²

建筑面积：25467.86 m²

结构形式：钢结构网架

建筑设计：周旭宏、薄宏涛、史瑞强、杨磊明、范晶晶、杨嘉、周虹宇、肖俊龙

结构设计：袁霓绯、贾玉鑫、李慧、吴伟亮

机电设计：周乐、张丽新、宿文静、李颖、孙岳、蒋志勇、李云根、于明松

合作设计：北京首钢国际工程技术有限公司

施工单位：北京首钢建设集团有限公司

网球馆及运动员公寓与秀池智选假日酒店

项目地点：北京市石景山区首钢园北区

业　　主：北京首奥置业有限公司

设计周期：2016.10—2017.9

建造周期：2017.1—2019.4

用地面积：58960.06 m²

建筑面积：31309.2 m²

设计单位：筑境设计

主持建筑师：薄宏涛

建筑设计：薄宏涛、高巍、蒋珂、张志聪、郑智雪、张朝芳、马文飞

结构设计：侯俊达、王兆村、陈罡、李慧、郭法成、邓尤贵、贾玉鑫

给排水设计：张悦、呼杨朔

暖通设计：孙岳、蒋志勇、张诚

电气设计：李云根、荆伟光、刘克清

合作设计：北京首钢国际工程技术有限公司

施工单位：北京首钢建设集团有限公司

六工汇

项目地点：北京市石景山区首钢园北区

委 托 方：铁狮门 / 北京首钢基金有限公司 / 北京首奥置业有限公司

建筑设计：筑境设计 / 北京首钢国际工程技术有限公司

景观设计：易兰（北京）规划设计股份有限公司

室内设计：北京弘石嘉业建筑设计有限公司

幕墙设计：同创金泰建筑技术（北京）有限公司

照明设计：上海麦索照明设计咨询有限公司

木结构设计：上海隽执建筑科技有限公司

标识设计：北京良好文化传播有限公司

施 工 方：北京首钢建设集团有限公司

建筑面积：223753 m²（其中地上 165757 m²，地下 57996 m²，景观面积 81850 m²）

设计时间：2016.9—2022.3

开业时间：2022.6.18

主创团队：

筑境设计人员：

主创建筑师：薄宏涛、殷建栋、张昊楠、刘鹏飞、蒋珂

建筑设计：高巍、邢紫旭、庞太龙、张莹、郭一君、康琪、傅卓儿、朱双双、
裴文军、裘怡、钱涛、傅宸彬、黄益东、张洋、蒋静颖、姜倩倩、
宗莉、屈子轩、裴文君、于慧静、郑永俊、骆晓怡、江丽华、胡泊、
李凯欣、姚占梅、王璐、文海金、谢维、程国杰、李石秋、周俊利、
杨波、张予嫣

机电设计：孙岳、蒋志勇、吴宏、李云根、于明松、翟瑞娟、王家瑞

结构设计：崔学宇、王向华、王月明

北京首钢国际工程技术有限公司人员：

结构及机电设计：侯俊达、王兆村、李洪光、陈罡、李慧、邓尤贵、李俊刚、
李京晶、张主温、罗志勇、朱美佳、闫虹瑞、白子琦、王晨、张悦、
陈喜雷、徐艳秋、邹子介、王雪飞、潘晨华、朱德润、叶睿、张诚、
刘克清、林莉、李澎、康建宇、代为民、夏天宇

易兰（北京）规划设计股份有限公司人员：

负责人：陈跃中

参与人：王斌、莫晓、严格宁、杨源鑫、田维民、杨宁、胡晓丹、李硕

北京弘石嘉业建筑设计有限公司人员：

李红庆、张兵、李然、雷春花、蔡东、于若兰、王增志、李一黄、彭奎奎、李鑫美、
褚飞、张翠珍、胡祖忠

金安桥科技创意园区

项目地点：北京市石景山区首钢园北区

项目主创：薄宏涛

建筑设计：薄宏涛、张志聪、张莹、张朝芳、呼杨朔、王超、于明松、王红霞

设计团队：筑境设计、北京首钢国际工程技术有限公司，其中一高炉改造由筑境设计、

     北京首钢国际工程技术有限公司、深圳市九天龙装饰设计工程有限公司、 中

     国建筑科学研究院有限公司合作设计，由北京当红齐天国际文化科技发展集

     团有限公司负责运营

场地面积：186430 m²

干预面积：121848 m²

设计时间：2018.6—2019.3

施工时间：2019.3 至今

委 托 方：北京首钢建设投资有限公司

施 工 方：北京首钢建设集团有限公司

香格里拉酒店

项目地点：北京市石景山区首钢园北区

占地面积：5.5h m²

建筑面积：7.7 万 m²

设计时间：2017.9—2021.8

竣工时间：2021.12

建设单位：北京首奥置业有限公司

建筑设计团队：Lissoni Casal Ribeiro（LCR，意大利）、筑境设计、北京首钢国际工程
        技术有限公司

首钢滑雪大跳台中心（雪飞天）

项目地点：北京市石景山区首钢园北区

业　　主：北京首奥置业有限公司

建筑面积：39347 m²

设计时间：2017.9—2019.5

竣工时间：2019.11

建设单位：北京首奥置业有限公司

规划与景观设计：清华大学建筑设计研究院有限公司、清华同衡规划设计研究院朱育帆工作室

建筑设计团队：清华大学建筑设计研究院有限公司、北京戈建建筑设计顾问有限责任公司

施工图合作：筑境设计、北京首钢国际工程技术有限公司

照明设计团队：清华大学建筑学院张昕工作室、玛斯柯照明设备有限公司

制氧厂南片区

项目地点：北京市石景山区首钢园北区

业主单位：北京首奥置业有限公司

总建筑面积：72671 m²

设计年份：2016.9—2018.12

建成年份：2021.6

设计单位：筑境设计

项目负责人：周旭宏、薄宏涛

主创建筑师：周旭宏

建筑方案设计：周旭宏、杨嘉、周虹宇、郑从涛、毛磊

建筑施工图设计：周旭宏、范晶晶、杨磊明、朱钧、戴小勇、郭玉琦、史瑞强、徐超华、
杨田、肖俊龙

结构设计：孙会郎、朱洪祥、贾玉鑫、章万军、高占阳、金卫明、朱丹、庞金龙、夏为民、
马慧敏、王梦筱、张磊（筑境），北京首钢国际工程技术有限公司（旧改结构）

给排水设计：纪殿格、呼杨朔、赵亚伟、李颖、王国良、李翔君

暖通设计：周乐、潘军、孙岳、孙博成、周金艳

设备设计：于明松、王静、李鹏展、王靖、李伟

景观设计：北京清华同衡

室内设计：北京弘石嘉业建筑设计有限公司

服贸会首钢园会场

项目名称：北京中国国际服务贸易交易会首钢园区

项目地点：北京首钢园区

设计时间：2020.12—2021.3

建设时间：2021.3—2021.8

用地面积：38.8 万 m²

建筑面积：9.4 万 m²

业　　主：北京首钢建设投资有限公司、首钢集团有限公司

业主方管理团队：梁捷、金洪利、白宁、李景园、于华、周婷、韩彦海、袁芳、朱扬、瞿原

规划与建筑设计：北京市建筑设计研究院有限公司 / 筑境设计（薄宏涛、高巍、蒋珂、
　　　　　　　　谭晰睿、任彬、王思惟、周明旭、康祺、林孜、林吉、张翀）/ 北京首钢国际
　　　　　　　　工程技术有限公司

结构、景观设计：北京首钢国际工程技术有限公司

室　　内：北京弘石嘉业建筑设计有限公司

照　　明：北京甲尼国际照明工程有限公司

施　　工：北京首钢建设集团有限公司

材　　料：彩色压型钢板、U 玻幕墙、玻璃幕墙

参与制作（按首字母排序）

摄　　影：CreatAR Images、根本堂建筑摄影、黄建志、黄临海、金磊、李晓光、孟繁星、
　　　　　王栋、王京广、袁德祥、张锦影像工作室、朱茜、张云龙

内容资料：崔学宇、常榛、高巍、李春、娄春雪、刘鹏飞、孟繁星、任彬、谈龙杰、王超、
　　　　　魏昀昆、王子璇、许谦、邢紫旭、张昊楠、周虹宇、周明旭、郑小俊、郑智
　　　　　雪等